跳出溫度舒適圈

從狐獴、原始人、蛋炒飯的小故事，
教你少開冷氣也能活的 **21** 個消暑「涼」方

林子平 著

國立成功大學建築學系特聘教授

目錄

目錄

第四章　幫地球降溫

溫度，
影響我的睡眠品質與生活

氣象達人・天氣風險管理公司創辦人　彭啟明

　　每到夏天，大家關心的議題就是高溫頻頻創新高，每年不斷破歷史紀錄。

　　但很有趣的，就是同樣的天氣因素「太平洋高壓籠罩」，或是同樣也是「全球暖化」墊高了平均溫度，為何有些地方會特別熱，有些卻只是比較熱？例如台灣的南北各縣市溫度在夏天不大相同，這就關乎於我們所在地的地理特性，是否通風或綠化足夠，大家適應熱的方式，是否習慣直接用空調來降溫，反製造更多熱，簡稱「熱島效應」。

　　這個議題每年都重複出現，很可惜的是當大家有感覺想做些事情的時候，秋天已經來了，大家想要改變的力道就又弱了下來，導致每年都還是必須承受一次，或

許就在數十年後，如國際的科學預測報告所示，我們終將邁向一年有半年都是這麼熱的夏天。

這個問題到底多嚴重，記得我小學時的地理課本還是秋海棠的地圖教學時代，特別喜歡考中國的四大火爐是哪裡，大約十年前遇見中國的首席氣象主播，他特別提出了隨著都市發展，中國有新四大火爐，他的標準是用中午高溫超過35度的天數來算，最多的天數是一年超過60天。聽他這麼說，我也好奇台灣城市的現況，於是我依照他的算法做統計，發現台北和板橋兩個盆地測站中午高溫超過35度的天數都超過60天，甚至某一年還超過70天。這樣的極端數值，在亞洲只有某些印度都市超過我們，其實極端熱浪已經嚴重影響我們。

以我為例，儘管在夏天，我也不是很喜歡開冷氣睡覺，頂多開一下培養心情，讓室內舒服一點，但有時候別人家冷氣主機排出的熱氣，會順著風向時吹進我的窗戶把我熱醒，睡眠品質因此大打折扣，和冬天比較起來差很多！

高溫這個問題，正如同氣候變遷要面對的淨零目標一樣，有相當高的難度，尤其是轉型的工作，要靠大家有一定的共識與決心。例如我們政府的淨零目標是希望在2050新建建築物及超過85%的既有建築物能達到近零碳建築的目標，我就想到現

在台灣的新建案，幾乎都沒有把近零碳或是節能當成賣點，許多老舊建築物要都更也有很大難題，這真的有辦法達到嗎？

我曾當面和子平兄討教這項目標的設定，達成率可能有多高？需要多少法規政策或獎勵制度才可以達成？也謝謝子平老師的專業，告訴我裡面的核心關鍵就是決心與文化的改變，這裡面所衍生帶動的商業創新模式與住宅舒適機會比我們想像的都大，只要我們多理解，未來空調就不需要開那麼多，可以省下電費，也會更舒適。

很認同子平兄所提，對於溫度的適應該是一種責任！但這個看不到卻又讓人感受強烈的溫度，和二氧化碳連動，都將是影響我們一輩子，甚至影響到下一世代的問題，很感佩這本書讓我們對溫度的體會有更深層次的思考，有了立論基礎，只要我們有共識，能產生應對溫度攀升的文化，轉型的力道就會出來。

從生活經驗出發的幽默譬喻，讓溫度好懂又有趣

台中市爽文國中理化老師、2013 年 SUPER 教師全國首獎　曾明騰

　　子平教授對溫度、熱量的詮釋與生活譬喻對比真的是令人拍案叫絕，用失控幼兒園孩子們的互動行為來說明空氣粒子與空間的關係，進一步詮釋了溫度與動能；用頂棚下來回反彈的彈力球來詮釋溫室氣體對地球溫度的影響，進一步探索生命適合的溫度；用一盤蛋炒飯來詮釋人體個別體感溫度的差異，帶出熱舒適指標；更不用說，如何透過狐獴的黑肚子與黑眼圈來說明生理調適溫度，引導出內溫動物與外溫動物對溫控行為的差異……相信看到這裡，你必然跟我一樣對子平教授的溫度情境詮釋模式產生愛不釋手之感，誠摯推薦這本含金量爆棚又幽默滿點的好書，你一定會喜歡！

就算氣溫回不去了，習慣還是可以改變

暢銷科普作家　潘昌志（阿樹老師）

　　氣候變遷、節能減碳、調適共存，這幾年來大家應該都聽到耳朵要爛了吧！但我們到底做了什麼改變？又達到了什麼效果？一直是環保倡儀者很難確切回答的問題。因為這不像COVID-19疫情一般，至少如戴口罩、保持社交距離等方式直接（容易執行）又即時（減少傳播鏈）。反而就算每個月都少用幾度電，也不會覺得氣候因為我的小小作為而產生改變。而比起情緒勒索式的倡議（比如你要為子孫留下什麼樣的地球），或許本書的作者林子平教授用的敘事方式更有效——我就跟你說怎樣做更涼爽！

　　仔細想想，追求舒適確實是本能，想想都會區的豔陽天，常可見機車騎士嘗試尋找些陰影空間停紅綠燈。

書中也提到適應溫度不止是人類，而是「動物本能」，而人類和動物的差異，只是人們多利用自身的智慧與能力，發明了各種調適氣溫的方法。而且還不用一下子談到空調，光是衣著，就是最直接而有效的方式了。

　　林教授的專業是綠建築，但他並沒有一下子說「所謂綠建築是……」這種了無新意的八股文，而是用最簡單直覺的方式做為誘因：想住得舒服又想省冷氣費，有沒有什麼更好的方式？而後才從建築設計與地區氣候等因素來提供大家選擇住宅的建議。試想一下，假如在預算內挑到了不錯的綠色住宅，又省錢又舒適不是很好嗎？而在每個子項目中，還有一些說明或比喻，讓我們能「知其然、知其所以然」，就更容易舉一反三運用在生活中。比如玻璃隔熱的重要性，至少我也會套用在汽車之上，或者是利用風扇搭配環境通風，以減少冷氣的使用，另外還可以知道未來選擇住處時，要怎麼評估房屋在溫度上的適居性。

　　然而，畢竟全球氣候逐年升溫的狀況看起來是真的「回不去了」，除了住居與日常的建議，還是難免會需要提醒人們要減少碳排、簡單生活的重要性。但我也真心感受到教授在努力地避免使用有說教感的文字，比如談到旅遊時，他並不會特別

說「不要遠距離旅遊」，而是嘗試在各種細節上減少碳排，像是盡可能深度旅遊，也是個不錯的方式，既可以深入理解風土民情，也可以減少過度的資源浪費，我倒是頗贊同這種「各種層面都追求CP值」的做法。

我自己會喜歡這樣比喻，將因應氣候變化的減碳調適，想成是與另一半的相處：盡可能理解、調整，尋找舒適共存的相處之道。但這個比喻有一點不精準的地方是，畢竟目前你還無法跟地球「分手」，想要長長久久，你可能要多幫地球想一點啊！

（本文作者為「震識：那些你想知道的震事」副總編輯、「阿樹的地球故事書」粉絲頁版主，著有：《海洋100問》、《地震100問》）

當暖化已成現實，
升旗仍然必須？

國立中山大學附中地科老師　**謝隆欽**

　　清晨7:00，高雄。就算只是從捷運站走7分鐘進到教室，就已汗如雨下……

　　更遑論烈陽下的升旗典禮，高溫＋潮溼＋弱風＝體感溫度超高，看著年輕的生命流淌著豆大的汗滴……我擔心的已不是中暑，而是同學會不會融化……

　　人類活動推升了氣溫，融化掉的除了冰河，還有人們的日常。感謝林子平教授著書論述「跳出溫度舒適圈」，闡明了諸多卓見，提供了調適涼方，推薦大家閱讀，察覺溫度早已默默對人類及環境造成鉅變；更盼在中小學行之多年的升旗典禮，能因應當前的高溫現實，以及同步教學的雲端科技，早日融化。

輕鬆地交流，嚴謹地面對，氣候正在變化的事實

德國氣象局人體生物氣候研究中心主任　Andreas Matzarakis

　　氣候變遷不僅是政府及決策者所重視的議題，更是所有人都必須要關心的。當極端天氣情況，例如高溫，以不尋常的方式，更明顯、更頻繁地出現並造成影響時，我們需要容易理解，而且具體可行的解決方案。

　　在制定並推行相關政策時，一定要謹記，我們需要了解自然和環境對人類的影響，並投入環境保護及參與氣候變化議題。

　　到目前為止，我們已經了解到，未來將產生的種種損害和危險。但關鍵的問題是，我們如何將這樣的資訊做更好的傳遞並進行溝通？而不是僅限於科學事實的知識交流。我認為，唯有透過簡單且易懂的範例來呈現，並結合幽默詼諧的敘事方式，才能讓知識與資訊更易於

被接收。

　　作者是一位享譽國際的學者、受人尊敬的同事，更是我的好友。他掌握了多年環境、建築、氣候等不同領域的背景知識，投入對於關鍵議題的熱情，展示了絕佳的技巧來傳遞知識及解決方案，讓這些複雜的問題得以輕鬆交流。

Climate change is not only a concern for decision-makers and governments, but for everyone. Especially with regard to dealing with extremes (like heat) and extraordinary new and more intensive situations, we need solutions that are easy to understand and easy to be implemented in decision-making.

Knowledge about the impact of nature and the environment on humans, with a focus on our behaviour and our engagement for environmental protection and tackling climate change issues, is essential. By now, we know a lot about the impacts and dangers that will increase and produce damages and implications in future.

The question that arises is how we communicate them, and not just from a scientific perspective. This can only be done through simple and generally, understandable examples with a pinch of humour.

The author, an esteemed colleague with international reputation and a good friend, has made it possible in terms of communication of complicated issues in this specific book. He has shown a good recipe, based on many years of experience and great passion for the subject, which covers several aspects in environment, architecture, climate and different levels of planning.

前言

溫度，影響我們的
行為和決策

　　這天一早出門，豔陽高照，你小心翼翼地遵循地面陰影的指引前進，深怕一旦誤入高溫日照處，就會在一秒內人間蒸發。途經一些寬闊的道路或綠地時，偶有涼風，但是當你走進建築物密集的市區，大樓棟距窄到連小鳥都得側身才能飛得過去，能突破重重阻礙吹到你身上的涼風，大概就像日本製的壓縮機一樣**稀少**。

　　進到辦公室，大面積的密閉玻璃讓窗邊座位宛如人間煉獄，你拿起搖控器調低了一度，風速也加倍。但這嗶嗶兩聲彷彿手機傳來的細胞簡訊般，幾個坐在遠離窗邊的人**驚恐**地看著你。看著他們身上穿的禦寒薄外套，幾分鐘後你還是把空調設定還原了，以免惹人嫌惡。

　　回家之後，房內的熱氣朝你直撲而來，畢竟家裡的

電費是自己付的，也沒有**吃到飽**方案，那還是晚一點再開吧。你打開了臥室、陽台、廚房、浴室的所有窗戶，試圖讓傍晚的涼風吹一點進來。

睡前，你終究還是敵不過高溫，空調吹出的徐徐冷風讓你瞬間來到天堂，有電風扇的加持應該可以**省點荷包**。天氣預報顯示明天高溫晴朗依舊，看來得趁著清晨就出門慢跑比較涼爽。

每一天，溫度都影響著我們的行為和決策。

生命的出現，也是源自於地球**剛好的溫度**。宇宙間無數的巧合，讓幸運的地球擁有適合萬物棲息的平均溫度——14℃。有些地方比較冷，人的體型厚實能防止熱量散失，房子也設計成保溫且隔熱；而在炎熱的地方則相反，細瘦的身材能促進散熱，遮陽及通風則是房子設計的關鍵。

這樣談溫度才有趣

明明是要談溫度，這本書的書名和目錄大概會讓你摸不著頭緒吧。幼兒園、青斑蝶、蛋炒飯、狐獴、日月潭、世足賽等字眼，個別看起來是稀鬆平常，但湊在一起卻十分**獵奇**。

這些真的都和溫度有關？讓我先說個故事給你聽吧，它和溫度剛好有那麼一點關係，但我想強調的重點還不只是溫度。

1986年，一個氣溫攝氏零下3℃的上午，美國「挑戰者號」太空梭起飛73秒後發生意外爆炸，七名太空人全部罹難。當時的總統雷根找上諾貝爾物理獎得主費曼（Richard P. Feynman）加入事故調查委員會。調查結束後，在電視轉播的太空梭事故聽證會中，費曼當場展示了一個實驗。他氣定神閒地在鏡頭前，把一個O型橡皮環放入一杯冰水內，並將它加壓扭曲後再鬆開，原本有彈性的橡皮環不但變得僵硬，也無法立刻恢復原狀。這說明了太空梭的零件在發射當天接近0℃的氣溫下，因為寒冷及受壓變形而無法將推進器密封，因而使得推進器內的高溫氣體外洩造成爆炸。

這一幕就像是精心策劃的一場**表演**，讓觀眾看得入迷。「啊，你這樣說明我就懂了！」這應該是當時電視機前的觀眾內心想說的話，也是我期待閱讀本書的你可以產生的共鳴。

書中每篇文章的一開始，都有一段看似與溫度無關

的敘事情境。別懷疑，這就是我精心準備的專屬道具——就像費曼那杯冰水與橡皮環，用來上演一場關於溫度的故事，讓你身歷其境。

不過，故事中的**引喻**，還會更加迂迴一些。因為我沒辦法在你面前做實驗或是比手畫腳，所以必須找出那些你我的生活中都有過的經驗，讓你容易想像，秒懂這些稍嫌抽象的溫度理論知識。

這些例子，都是來自於我**親身經歷**的研究、實測、事件、報導、對話，只稍作時序的調整及文句潤飾，故事內容近乎真實。它們隱含了與溫度主題有關的線索，讓你在親自**解謎**的過程中，了解溫度神奇且有趣的一面。

在每篇的故事之後，會挑選出適當的知識，並歸納成三個亮點——不是兩個也不是四個，讓你能剛剛好記得。它可能是關鍵理論、歷史事件、有趣發現、當前進展、未來挑戰等，它未必是最**重要**的，但一定是與你最**相關**的。

我會以精簡的文字、幽默的插圖，來吸引你探索溫度的好奇心，畢竟當前要和演算法帶給你的資訊、短片、廣告比拚，能吸引到你的注意力實在不容易。每頁下方的註解有些我想補充的資訊或純粹想置入的惡趣味，它不影響你對全文的理解，

但可以增加知識的廣度及**樂趣**。

　　文章的最後一段是行動的關鍵，提醒你如何想、怎麼做。我會提供一些思考方向，或許你也有類似或者不同的想法；我也樂於提供幾種簡單的行動方案，方便認同這些價值觀的人起身去做。即使你還沒打算改變既有的行為模式，光是能讓你**先想一下**，某些程度也達成了我寫這本書的目的。

從四大面向，談溫度教我們的七件事

　　溫度議題是當今社會的熱門話題，它既是理論也有現象，要從哪些面向，哪些主題談才好呢？

　　如果從地球科學、熱力學、人體生理學的理論來闡述溫度影響，內容將艱澀難懂；只以氣候變遷及產業碳排的觀點來檢視溫度上升，與我們的生活又過於遙遠。因此，我打算從起源、住居、活動、地球這四個主題，探索以下幾個關鍵議題：

　　溫度從何而來，地球為什麼有剛好的溫度？我會從第一章「溫度的起源」啟程，先讓你對溫度有基礎的認

識，以及分析地球原有的宜居溫度，和當前升溫的原因與挑戰。

　　動物如何適應溫度，人類又有什麼不同？第一章後半段會說明動物如何利用身體調節或移動遷徙，來順應自然界多變的溫度以延續生命，人類則以滿足舒適性為目的，遺忘了本身領先萬物的皮膚調節能力，嘗試控制與改變溫度。

　　住宅室內如何維持舒適？第二章「溫度與住居空間」會帶你進入我們每天長時間停留的場所，如何透過外牆、玻璃、遮陽、通風的規劃設計，來提早預約熱舒適。我會提供你一些簡單的訣竅，讓你能夠從建築的外觀一眼看清它是涼爽舒適，還是耗能怪獸。

　　重新看待空調，拒絕低溫勒索。以台灣的住宅為例，空調就占了夏季用電量的47%。第二章的最後一節會從空調當時發明的機緣巧合說起，告訴你它如何從生活的奢侈品成為了必需品，我會從空調的耗電與排熱問題，以及人體的調適溫度能力，嘗試翻轉你對空調的想法。

　　溫度對於各類活動，有什麼不為人知的影響？第三章「溫度與活動」要帶你走出室內，從戶外活動、都市步行、運動競技、觀光旅遊、購物消費五個面向，來分享你甚少聽聞的有趣

現象。你將驚覺溫度悄悄地影響你的一舉一動，以及你該如何提早因應。

想要讓我們的生活舒適，得先幫地球退燒。第四章「幫地球降溫」，會從發電方式、土地利用、建築節能三個方面，解析地球高燒不退的原因，以及幫地球降溫的可行方案。其中關於生活品質對環境變遷的影響、再生能源及環境保育的權衡、節約能源與碳排放補償的衝突，也會分享我的想法，希望對你有幫助。

回到單純，現在就行動。聯合國最新的氣候報告中，告訴人們最重要的行動方案，就是「夠用就好」的簡單方法，也是人們對能源及資源的珍惜。在第四章的最後一篇中，會從地球的體檢報告剖析地球病因，以及降低能源及資源需求的行動處方。並附上一個我親身經歷的人體試驗報告，細說我如何踏上這段高溫挑戰，設法打破慣性、跳脫舒適圈的奇幻之旅。

刺激與反應之間，存在自由

這本書探索的，不只是溫度的變化對於人類生存與

生活的影響，更想要延伸討論人類該用什麼**姿態**，來面對氣候、環境、社會的變化。

在人類發展的時間軸上，對比過去順應環境、愛惜資源、夠用就好的年代，當前溫度則以強勢的物理、心理、社會的「**刺激**」來襲，讓我們常常在未經思考下被迫做出「**反應**」。

「刺激與反應之間，存在著一個空間，在那裡，我們擁有自由選擇的權力。」在集中營被監禁三年，最終獲救的著名心理學家弗蘭克（Viktor Frankl）曾這麼說過。

室內溫度提高，按下冷氣開關。這是我們再熟悉不過的溫度「刺激 v.s 反應」模式。然而，在兩者之間，人類有自由選擇的權力，在深思後做出負責任的作為，才是人類的成長及自由。

寫這本書要傳達的三**個觀念**是：地球剛好的溫度難能可貴，你的身體正是適應溫度的高手，我們不需要太多的溫度控制介入。只要充分理解、提早規劃，就可以讓住宅涼爽、活動舒適，最重要的是，還能幫地球降溫。

這是一本關於溫度的故事，也希望我訴說的故事有溫度，讓你產生動能，做出**改變**。

第一章

溫度的起源

1-1
什麼是溫度：
失控的幼兒園

廚房爐子上正滾著一鍋沸騰的紅豆湯，熱氣冉冉上升，濃郁的香氣瞬間將我拉回童年。

　　小時候就讀的幼兒園距家不到一百公尺，每天早上我都會在半途的小路口向母親行禮道別，然後快步走進幼兒園，以免錯過我最愛的點心時間。夏天廚房阿姨會盛來一小碗冰涼的紅豆湯，冬天則是熱的。「讀幼兒園就是為了吃點心啊！」讀中班的我心裡這麼想，家裡的早餐一向只有吃飽的食物，沒什麼甜食點心，「早知道讀幼兒園這麼好，我小班就來了！」

　　點心時間結束後，就是全校集合的時間，小朋友們整齊劃一地列隊站在戶外遊戲場上，彼此維持一個手臂的距離。印象中，園長總是滔滔不絕訓著話，就像伸縮喇叭一樣發出叭啦叭啦嘈雜的聲音，而小朋友們雖然勉強站在原位，卻很難忍著不動，一會兒摸摸別在圍兜上的小手帕，一會兒伸進口袋裡看玩具還在不在，身體搖來晃去動個不停。

　　盛夏強烈的陽光直射遊戲場，草地旁的小水池反射著耀眼的陽光，總算忍耐到園長講完話，小朋友們像箭一樣爭相衝向遊戲場邊的遊具，人人都想搶到最好玩的溜滑梯！還記得有一回我的玩伴小蔡一馬當先衝上溜滑梯一躍滑下，「啊，好燙！」原來是金屬溜滑梯被太陽晒得能燙人屁股。

　　小朋友笑成一團，一群人爭先恐後推擠著要上去試一下到底有多燙，大家在遊戲場上追趕跑跳的樣子，是紅豆湯之外，

留在我心中最鮮活的幼兒園印象。

溫度，是粒子晃動的速度

當我開始研究溫度，發現空氣粒子與空間的關係，像極了活潑的幼兒園生和他們的遊戲場。如果我們把幼兒園的戶外遊戲場想成一個密閉的空間，小朋友視為空間內**氣體**的粒子，那他們不規則的移動或搖晃的速度[註1]，就是**空氣溫度**。當氣體粒子緩慢晃動，就像小朋友們站在原地東摸西摸地聽講，氣溫就比較低；當氣體粒子如小朋友失控地跑動及四處碰撞，空氣溫度就會變得比較高了。

那靜止的**液體**中的水分子也是會晃動的嗎？美國知名的諾貝爾物理獎得主，被稱為科學頑童的理查·費曼是這麼描述的：如果把一顆水滴放大200萬倍變成24公里寬，仔細觀察它，水滴表面並非那麼平滑，「看來倒像是從遠處看著足球場內萬頭鑽動的觀眾。」放大到10億倍時，就會看到每顆水分子都是不斷地搖晃、碰撞、旋

註1：更精確地說，是動能。溫度的本質可看成是原子及分子平均移動動能（即質量與速度的乘積）的度量。氣體分子的平均動能，與氣體的絕對溫度呈正比。

氣溫高時，氣體分子快速地碰撞，就像幼兒園內小朋友失序跑動及四處碰撞。

轉，同時扭來扭去。

　　水分子和空氣粒子的活躍表現很類似，水分子彼此貼近且晃動較小時，代表**液體溫度**較低，水分子距離很遠且晃動很大，代表液體溫度較高。**沸騰**則是晃動的極致，每個水分子在劇烈的晃動下掙脫束縛，以水蒸氣的形式離開。即使是常溫，液體表面的水分子也會因自己的晃動及同伴的碰撞，從液態變成氣體脫逃水面，這就是**蒸發**，在風速愈大，空氣愈乾燥的條件下愈明顯。

　　最後，像是金屬溜滑梯、建築物的牆壁、柏油路面這類的

固體，則常用**表面溫度**來描述它的分子晃動的速度。但固體是個不動如山的傢伙，分子之間緊密相連，溫度再高，分子也只能在原處振動無法逃脫。

溫度如何量測及正確解讀

你手上這本書的封面寬度是幾公分長？這個問題並不難，拿一把尺就可以**直接量測**，因為這本書是真實具象的物體，你手上這把尺也有公訂的標準刻度，所以任何人在任何地方量測這本書的寬度，都會得到相同的結果。然而，溫度是粒子的動能，是沒辦法直接量測的，只能**間接量測**某一種性質來進行溫度的推估。

要量測空氣溫度，最直覺的就是國小自然課使用的棒狀玻璃溫度計，利用玻璃管裡的水銀或染色酒精，藉由熱脹冷縮產生升降，再配合安德斯·攝爾修斯（Anders Celsius）以水的冰點為0℃、沸點100℃定義的攝氏刻度，來間接反應出環境的氣溫。

若你拿一個溫度計站在炎熱的太陽下，量到的可就**不是**空氣溫度。傳統玻璃溫度計量到的是外層覆蓋的玻璃溫度，而電子式溫度計量到的則是密閉塑膠殼內的空氣溫度，不論哪一種溫度計，都會因為受到太陽強烈的

照射，而使測得的氣溫異常升高。

　　所以，正確量測**空氣溫度**的方式，應該是將溫度計移到一個有陰影且通風好的地方，放在氣象站觀測坪上那間有百葉窗看似養鴿子的小木屋，也就是史蒂文生式（Stevenson）百葉箱裡，這是量測空氣溫度的最佳場所。

　　而**表面溫度**的量測又與空氣溫度大不相同，你可以將溫度計緊貼在物體表面，或是利用物質會依照表面溫度釋放出輻射量的特性，拍攝紅外線影像來推估表面溫度。COVID-19疫情期間大家對於這種影像應不陌生，紅色或紫色就代表你身體的溫度較高，不管是發燒或是提了一碗熱湯，應該都逃不過它的法眼。

　　雖然大家都知道空氣溫度和表面溫度的差異，但是我們常不自覺會進行錯誤的量測或解讀。新聞報導中誇張地打了一顆生蛋在柏油路面煎到吱吱作響，只能說明柏油的表面溫度高且熱傳導好，無法代表上方的空氣溫度一定很高，兩者不見得有密切的關聯。

　　就像幼兒園那座金屬溜滑梯，即使表面溫度高到燙手，但上方的空氣溫度也許仍維持常溫，廚房內即使有好幾鍋煮沸中的紅豆湯，室內空氣溫度也上升不了多少。這是因為表面溫度對空氣溫度的加熱效果有限，同時空氣也因持續流動而讓氣溫維持穩定。

溫度教會我們什麼事？

如同史蒂芬・霍金（Stephen Hawking）在《時間簡史》中闡明的：世界上沒有什麼東西是**靜止不動**的。

萬物會依照內部分子失序的程度來呈現它的溫度，不論是微幅晃動或劇烈碰撞，這本為自然界再正常不過的狀態。萬物也正是透過振動，以溫度來證明它真實存在的事實。所以應該把溫度看作是失控無序的現象，還是被人們享受並珍惜的自然界恩賜呢？

人們有沒有可能將溫度的變化視為一個自然循環變化的狀態，在夏天享受皮膚發熱流汗，在冬季體驗身體毛孔收縮，不過度控制也不無端干擾，與環境建立長久永續的互動關係呢？

分子的振動，牽引著地球上溫度的起伏變化。接著我們要來探索，什麼樣的振動，讓地球有剛剛好的溫度——能讓人類及所有生活在此的生物孕育生命。

 消暑涼方 01　四季的溫度變化本是自然循環。我們要充分感受、體驗溫度的變化，維持身體適應的本能，而非一味與自然對抗。

1-2
地球的溫度：
頂棚下的彈力球

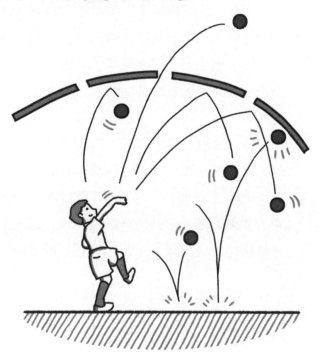

「為什麼國小沒有點心時間？」聽說我上小學第一天回家後是這麼問的。

國小和幼兒園在同一條路上，只是路程更遠一些。放學後隨鄰里路隊回家，走到最後同學都陸續到家，只剩住得較遠的我和隔壁巷內的小蔡，我們就可以在沿路的柑仔店任意逗留，看看有什麼新上市的玩具。

當時，對於突破大氣層的劇情特別著迷。像機動戰士鋼彈，戰鬥後從宇宙落至地球穿過大氣層時，本以為會像個火球燃燒殆盡，但總是會在關鍵時刻啟動防護網，浴火重生安全回到地球[註1]。因為這個卡通，有段時間我一直深信大氣層的功能就是用來抵抗宇宙物種入侵地球的。

為了重現這樣的場景，我和小蔡常常到住家附近一個地磅上玩，那是一個可以讓貨車開上去秤重的大型鐵板，地磅上方架了一個大概二樓高的鐵皮頂棚。我們常拿一些**彈力球**——就是有各種顏色，五十元硬幣大小，彈性極佳的橡皮球——使勁地往上拋，假裝這棚子是大

註1：《機動戰士鋼彈》這部卡通描述的是地球因為人口暴增、環境無法承載下，人類往宇宙殖民居住時，聯邦軍與吉翁軍兩個陣營發生武力衝突的故事。在第5話中，代號為RX-78-2的初代鋼彈，因為來不及登上母艦白色木馬號返回地球，駕駛者阿姆羅冒著機身可能因高溫引燃的危險從宇宙「突破大氣層」，最終成功地抵達地球。

氣層，球就是高射炮，碰撞到頂棚後落到地面又再度彈回，很
有決鬥時的臨場感。

　　只不過，這個頂棚年久失修，有幾個大小不一的破洞，陽
光會晒進地磅，雨水也會飄進來。在我們拋球的過程中，有少
數的球會穿過洞口飛越到頂棚之上，駐守管理的阿伯就會來指
責我們棄置廢棄物，堵塞雨水管，但我們都覺得它是穿越大氣
層而返回宇宙了。

地球上剛好的溫度

　　為什麼只有地球上有剛好的溫度，能讓人類及萬物生存？

　　答案就在地球的大氣層。說到它，不只在我兒時的卡通及
遊戲出現，還陰魂不散地在往後求學的課本中不斷地出現，從
國小的自然科學，到國中及高中的地球科學。近年來只要談溫
室效應、氣候變遷，它也是不可或缺的要角。

　　大氣層對於人們畢竟太抽象，有些人會以玻璃屋、厚毛
毯、保溫箱來形容，但是我覺得，兒時地磅上那片破了幾個洞
的鐵皮頂棚，用來比喻大氣層再適合不過了。

　　這一切還是得要先從太陽講起。

　　太陽的表面溫度很高，會釋放出能量很強的短波輻射，但
短波輻射並不擅長加熱氣體，要穿越**大氣層**抵達地球表面時才

會發揮它的強項：加熱地表。

　　受到短波輻射加熱的高溫地表，會釋放出一種能量較弱的**長波輻射**。它就像是我和小蔡往上丟的彈力球一樣，只有少數會衝出頂棚破洞，大部分會彈回地面。地球表面往上釋放的長波輻射，也只有少數會從大氣層逃逸至宇宙，大部分會被一些「神祕氣體」吸收，再往下釋放輻射回到地面。

　　這個過程還沒結束。往下釋放到地面的輻射，接觸到地面時會再次加熱地表，然後地表再釋放往上的輻射，就像墜下的彈力球不斷地上下回彈一樣，輻射就在大氣及地表之間來回重複傳遞。

　　別看長波輻射能量雖弱，加熱氣體剛好是它的專長。透過它的來回重複傳遞，加熱了空氣，使地球能維持14℃的平均溫度——對生物而言剛剛好的溫度。

　　大氣層就像那片有著大小不一破洞的鐵皮頂棚，多種的氣體決定了哪些輻射可以離開地球，哪些輻射會被吸收。而上述能將輻射吸收的「神祕氣體」，就是我們熟知的**溫室氣體**，包含了水氣、二氧化碳、臭氧、一氧化二氮、甲烷。而這種像彈力球般在大氣與地表之間來回加熱的過程，就稱為**溫室效應**。

　　溫室氣體是天然的，原本就存在於環境之中，它們

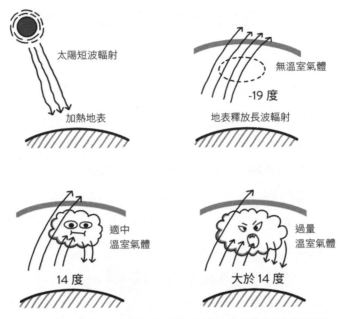

太陽短波輻射

加熱地表

無溫室氣體

-19 度

地表釋放長波輻射

適中
溫室氣體

14 度

過量
溫室氣體

大於 14 度

剛好的天然溫室氣體讓地球舒適宜居，過多的人為溫室氣體將導致地球增溫。

雖然只占大氣的0.3%[註2]，卻是地球得以維持平均溫度14℃的
關鍵。如果沒有這些天然的溫室氣體，地球的平均溫度會降
至-19℃，生物將無法在此生存。不多也不少的溫室氣體濃度造
成的溫室效應，就這麼讓地球一直維持著宇宙中絕無僅有適宜
的生存環境──直到1760年代，工業革命開始。

註2：在天氣溫室氣體中，水氣約占0.25%，其餘二氧化碳、臭氧、一氧化二氮、甲烷約
　　　占0.04%，合計約0.3%。

過多的溫室氣體導致地球升溫

工業化代表人類的生產與製造方式，從人力轉變為機械化，這都得歸功於英國人瓦特將舊式的蒸汽機進行改良，提高了效率。靠著煤、石油、天然氣等化石燃料的燃燒，產生了大量蒸汽，就可以將熱能轉變為動能，使蒸汽機運轉，也驅動了工業化製造的進程。

然而，工業化製造的變革極度仰賴化石燃料的燃燒，在產生蒸汽、輸出動力的同時，也產生大量的二氧化碳及其它溫室氣體。

不只是工業製造，各式各樣的人類活動都造成溫室氣體的排放。

我們的生活及工作需要用電。火力發電廠燃燒了化石燃料，把熱能轉換為動能驅動發電機，而產生電能，但同時也產生了二氧化碳、氮氧化物（NOx）、硫氧化物（SOx）等溫室氣體。

我們需要移動。飛機、船隻、車輛大多仰賴化石燃料的燃燒使引擎運轉，即使是以電池為動力的交通工具，如果充入的電量來自火力發電，仍然會有溫室氣體的排放。

我們需要食物。畜牧業和農業的生產過程都會產生

溫室氣體，例如牛、羊這類反芻動物，在腸胃消化、排泄物堆肥處理的過程中，都會產生甲烷和氧化亞氮；農業如果使用肥料，分解過程會產生氧化亞氮，稻作及草原的燃燒也會產生二氧化碳。

　　更糟糕的是，我們也需要更多的土地。如果焚燒熱帶雨林掠奪土地，原本封存於樹木與泥土中的碳，就會以二氧化碳的形式釋出。

　　我們把這些歸因人類活動所排放的溫室氣體，稱為「**人為溫室氣體**」。當溫室氣體的濃度提高時，就像那片頂棚破洞被封閉而使彈力球逃不出的情況一樣，大氣及地表就會反覆吸收及釋放熱輻射，使溫度愈來愈高。

　　二氧化碳濃度從人類出現在地球上，到十八世紀中期工業革命開始前，一直都維持在280ppm左右；但到了2020年時，已達到419ppm以上，比250年前高出了50%，也連帶使氣溫升高了將近1℃，已十分逼近政府間氣候變化專門委員會（IPCC）在《巴黎協定》給世人的警鐘：世紀末（2100年）升溫應控制在1.5-2℃以內。目前情勢很不樂觀，世界氣象組織預測，世紀末的氣溫恐怕會升高3-5℃。

探索溫度與生命的奧祕

地球表面剛好適合生物生存的溫度來自於一連串的**巧合**。從地球與太陽不遠不近的距離，地球剛好的自轉速度與地表特徵，再到精巧的大氣組成，恰好能讓來自一億五千萬公里外太陽光短波輻射以適度的能量抵達地表，釋放長波輻射到大氣。更精采的是，地表向上的長波輻射再受到微乎其微的溫室氣體的加持，吸收後再向下釋放少了一些的長波輻射，這種高效率能量重複利用的溫室效應，正好適度地加熱地表，提供了生物宜居的地面氣溫。

溫度也是一種伴隨著生活的**記憶**。記得兒時嘉義的冬天氣溫很冷，清晨走到幼兒園的路上，講話時都會冒白煙。沿路都是一兩層樓的木造房子，賣著魯熟肉和雞肉飯，還有不少閒置的雜草及空地。至今我仍常走在這條通往幼兒園的路上，冬天氣溫不再那麼寒冷，沿路的空地也愈來愈少，幼兒園舊址的低矮校舍早已拆除，取

註3：太陽能發電（零碳排放）的成本會比火力發電（高碳排放）來得高，兩者的價差，這就是一種綠色溢價的概念。它代表了使用較低碳的能源、技術、材料的費用，會比傳統高碳排的方案要多花多少錢。比爾‧蓋茲認為每一種低碳／零碳技術，都可以在不同地區、針對不同傳統方案做比較，所以綠色溢價是浮動而多變的。

而代之的是三間連棟的四層樓住宅，旁邊的空地牆上依稀可以看到「我是好寶寶」的斑駁油漆彩繪。

對於溫度的適應也該是一種**責任**。人們為了舒適而使用空調降溫，排出來的熱量造成都市高溫化，使用的電力衍生了碳排放。微軟創辦人比爾‧蓋茲把人們如何調節室內氣溫列為重要的氣候變遷因應策略，因空調設備的碳排放就占了全球的7%。我們都希望產業發展、經濟成長，希望都市機能健全、生活便利舒適。這些都避免不了需要以溫室氣體的排放為代價。

有別於比爾‧蓋茲以綠色溢價（Green Premium）[註3]的成本比較概念，來評估空調系統改善策略的價值，我打算從問題的根本與大家一起進行探索：生物為什麼追求溫度？在演化的過程中，人們又如何從對溫度基本的生理需求，進展到對舒適的渴望？

消暑
涼方 02　天然的溫室氣體造就了地球剛剛好的溫度，多一點少一點都不行。減少人為溫室氣體排放，就是為了避免地球發燒。

1-3

追尋溫度：
遠渡重洋的青斑蝶

幾年前，有一則蝴蝶遷徙的新聞，引起了我的興趣。

澎湖有位民眾發現住家的花園內有隻蝴蝶，身上被標示了日期和日本地名，原來是一隻從日本富山縣標放的青斑蝶，歷經46天從日本飛行了2,277公里來到台灣。富山縣自然博物館負責人說：「這隻青斑蝶創下了富山縣蝴蝶的最長距離飛行紀錄，飛到翅膀已破裂，令人感到心碎。」

創下地表上最長昆蟲遷徙紀錄的是帝王斑蝶。每年會有上億隻帝王斑蝶在接近冬天時，由北美寒冷的洛磯山往南遷徙至溫暖的墨西哥，並在春天來臨時往北飛回洛磯山，但因為不順風，長達4,800公里、歷時四個月的長途遷徙，讓生命週期僅有一個多月的蝴蝶沒辦法在有生之年飛抵目的地，中途還得暫停德州來繁衍下一代，一共要歷經三代接棒才能返回洛磯山。

在台灣新竹苗栗等地山區，多達五十萬隻的紫斑蝶，也會在秋末準備南飛度冬，常落腳在高雄茂林。「氣溫是蝴蝶長程遷徙的一個很重要的因素，溫暖的環境讓蝴蝶能夠生存並產卵，還能讓剛孵化的幼蟲找到豐富的食物。」嘉義大學生物資源學系黃啟鐘教授這麼告訴我，他對昆蟲生態及植物病蟲害都很有研究。

「也許是遺傳基因，這裡的氣溫一直刻劃在牠們的記憶之中，驅動著牠們歷代返回。」黃教授說，「雖然蝴蝶一代只有一個多月的生命，但為了下一代，牠們長途遷徙到最適合幼蟲

出生的氣溫及生態環境，等到春天清明節前，經數代後剛羽化之成蝶，就開始往北飛，回到牠們此生未曾到過的故鄉。」

生物為了生存而追尋溫度

昆蟲願意冒這樣的風險長途跋涉，那人類也有這種追求溫度的本能嗎？

我們得從現代人類的起源「智人」（*Homo sapiens*）的發展談起。科學家普遍認為，在二十萬年前智人起源於非洲。直到了四萬年前，智人已經遍布歐亞大陸。科學家一直在探索，究竟是什麼原因造成我們這個物種「遠離非洲」。

亞利桑那大學地球科學系Jessica Tierney教授透過氣候重建資料，並比對化石及石器的狀況，推論八萬年前**非洲**東北部溫暖且溼潤，適合居住。然而，在七萬年前，氣候開始**變得寒冷**而乾燥，艱難的氣候條件，使人類在六萬年前走出非洲進行大遷徙，這才讓**歐亞大陸**有人類出現。

無獨有偶，德國科隆大學Frank Schäbitz教授等人則是透過衣索比亞湖岩芯來重建氣候，同樣也發現，在距今六萬到一萬四千年間非洲氣候的極度乾燥達到頂峰，使

智人最終在距今五萬到四萬年間抵達歐洲。

除了因為溫度而遷徙之外，比智人更早，比「露西」（Lucy）[註1]更晚的「直立人」（*Homo erectus*），大概在一百萬年前開始會用火來獲取他們想要的溫度。除了用來烹煮食物，火還可以使身體溫暖來度過寒冬，得以生存。

今日，我們為了舒適追求溫度

以前的人類，就像會遷徙的蝴蝶及候鳥一樣，追求溫度是為了活命，是最基礎的生理需求[註2]。然而，時至今日，人們追求溫度的目的已經不同。

經濟學家西托夫斯基（Tibor Scitovsky）認為，近代人類的第一個需求，就是「**舒適**」[註3]。

近代的人們會為了追求更舒適的氣溫而遷徙。對英國君主

註1：露西是在衣索比亞發現的南方古猿標本。也就是由盧貝松執導且在台北取景的《露西》片中，那位將人腦用到100%且具有超能力的主角，在片尾回到遠古時期時見到的人類祖先。

註2：馬斯洛需求理論（Maslow's hierarchy of needs），是由亞伯拉罕‧馬斯洛（Abraham Harold Maslow）於1943年提倡的理論，他劃分出五種等級的需求：自我實現、尊重、社會、安全、生理。生理屬於為基礎的需求，如食物、呼吸、基本維生環境等——溫度就是屬於最基礎的生理需求。

註3：西托夫斯基認為人有舒適和刺激兩種需求，舒適又分為個人舒適（personal comforts）及社會舒適（social comforts）兩種。

來說，白金漢宮是他們的冬季宮殿，溫莎城堡則是夏日宮殿，讓他們在不同的季節中得以維持長時間舒適的居住環境。另外則是觀光旅遊，近代西歐人（如德、法、荷）冬天移動至地中海旁溫暖的國家西班牙、希臘旅遊，或是更遠的東南亞國家，以求得數日的舒適氣溫。

然而，人們逐漸覺得為了追求舒適而頻繁地遷徙和**移動有點麻煩**，因此反過來想要讓日常生活居住的空間及場域能配合人的需要，常保舒適，於是開始思考如何打造一個**四季都舒適**的居住空間。在寒冷的國家，增加牆面的厚度，提高隔熱性，來達到保溫的效果，或在屋頂做一個閣樓，能阻擋大雪的低溫直接傳到室內。而在炎熱的國家，則利用室內通風、窗戶遮陽，來確保室內維持舒適，並透過選用適合的植栽、設置水域來調節戶外氣溫，讓人們在戶外行走或活動時都感到舒適。

溫度控制全面強力介入

這些使居住環境舒適的方法，其實都不需要耗用能源及資源，我們稱為被動式設計（passive design，或稱誘導式設計）。它雖然能讓冬天暖一點，夏天涼一點，但是沒辦法維持在一個恆定的氣溫。

早期的人類為了生存而追尋溫度，現代的人類為了舒適而追求溫度。

　　因此，人們又想更進一步控制生活及居住環境的溫度，我們開始利用能源及資源來介入控制。一開始是耗費較少電力及資源的手段，例如溫帶國家燒柴的暖爐，熱帶國家使用的電風扇，而後一些更耗能源的設備出現了，如冷氣或暖氣的設備及系統，這些都屬於主動式控制（active control）。以冷氣或暖氣來改變氣溫，讓我們不必大老遠遷徙及移動，可以四季都維持在恆溫舒適的狀況。

　　而在生活環境中，我們也開始控制各種溫度。例如控制液

體的溫度,把冬天冰冷的水加熱,洗澡才舒服;或是使用電冰箱讓飲料涼一些,使用電熱水瓶來保持最適合入口的水溫。

人類當然不會滿足於基本的溫度,我們對於溫度的控制只會愈加精確及全面。我們希望冷暖氣控制的溫度是恆定的,最好一年四季,一天二十四小時,都能維持相同的溫度。我們還希望冬天冰冷的廁所能溫暖些,所以現在廁所的馬桶座不但可以加熱,甚至還可以整晚持續保溫,讓你隨時都能享受剛剛好的溫度。

人類除了舒適,還要刺激

然而,有時人對溫度需求的還不只是為了舒適。追求「**刺激**」,則是西托夫斯基提出的人類第二個需求——人們追求溫度,有時只是想要有**不一樣**的體驗。

就像長年低溫的寒帶國家中,一旦有個難得的溫暖晴天,人們就會傾巢而出到公園做日光浴。同樣的,像台灣一樣位處於熱溼氣候區的人們,偶有山區下雪的機會,許多人會不畏寒冷地上山賞雪,這就是本於氣候刺激造成的新鮮感。

不過,如果是為了刺激而想要**控制環境**,就可能造

成不必要的**能源浪費**。冬天時，人們湧入滾燙的三溫暖或烤箱，這麼高的溫度絕對算不上是舒適吧，但人們希望透過這樣的生理刺激來滿足心理的需求。

又比如說在寒帶地區滑雪是常態，但位在熱帶國家興建一個室內滑雪場，甚至是單純造雪讓人們遊玩，就是要讓人們能感受到溫帶國家寒冷的天氣能帶來的體驗。

你追求的是什麼呢？

你或許有過這樣的經驗：當你滑著手機上的社群、新聞、影片，你點擊的每個按鈕，停留的每段時間，都在告訴媒體你喜歡的是什麼；不久之後，頁面上跳出的內容你都喜歡極了，不順眼的內容都消失了，這一切彷彿為你量身打造，你就這麼瀏覽下去。回過神才發現時間已過了大半，你接受了不重要（甚至錯誤）的資訊，買了你不需要的東西。

讓我們從虛擬環境切換到實體空間。當我們進入一個室內空間，你直覺地按下空調開關，它也許就記憶著你上次設定的溫度。先進的系統還能觀察現在室內有多少人、你是靜止或移動的、你以前喜歡什麼樣的溫度，就幫你調得好好的。太冷的時候，你也許會選擇穿上外套，而不是起身去調整溫度設定，或是反映給管理者知道。

　　這就是**舒適圈**，為你量身打造客製化的體驗。舒適的感受可能掠奪你的專注力，讓你忘了你真實的需求。

　　從智人遠離非洲到歐亞大陸，到近代人類移動到舒適的地點、建立舒適的住居，都是有意識地了解需求，因為，這都有風險，也需要付出代價。

　　然而，當空間內的氣溫控制變成輕鬆自在的生活常態，卻可能導致我們不認真去思考我們的需求。我們得自問：「為什麼要設定在這個溫度呢？」是為了舒適，還是為了刺激，還是只是習慣性地延續你昨天的設定，或是直接由人工智慧幫你決定？

　　一個根本的問題是，舒適究竟是怎麼一回事？是生理的需求，還是心理的滿足？每個人對舒適需求的差異，又是怎麼產生的？是體質的差異，過去的經驗，還是個人的喜好？

　　唯有理解舒適的起源，我們才能客觀地檢視我們的觀點及行為，並做出適當的調整與改變。下一節，就讓我們從一盤蛋炒飯，來談談什麼是舒適吧。

消暑涼方 03　動物和原始人只為生存而追尋溫度，但現代人卻是為了舒適而改變溫度。嘿，享受舒適的同時，也為地球上其它生物想想吧！

1-4
你覺得熱嗎？：
你如何評價一盤蛋炒飯

有天到台北辦事，午餐時間循著網路餐廳推薦指南，按圖索驥來到一家藏身在民生社區裡的知名炒飯店。蛋炒飯這種看似簡單的食物對我而言吸引力十足，雖然只是把白米、雞蛋、配料、調味品炒在一起，但要做得好吃聽說有很多密技，例如要用冷飯或隔夜飯才不會太溼太黏、蛋要分兩次炒才能讓每粒米飯都裹著金黃色的蛋衣又可以吃到蛋黃的口感、起鍋前還要用醬油嗆鍋來增添美味及香氣。

「老闆，蝦仁蛋炒飯一盤喔，裡面吃。」點餐後，我望向隔壁桌，看似一對年輕夫婦帶了父母來吃飯，四個人點了七盤不同口味的炒飯，談論著哪一盤比較好吃，為什麼好吃。鄰桌客人閒話間，我的蝦仁蛋炒飯也上桌了，熱騰騰的一盤香氣四溢，三兩下就被我一掃而空。

如果你問我，對這盤炒飯滿不滿意？也許我應該要先跟你說明一下我的評估方式。通常我會從幾種角度進行評估：第一是**量**，太少會餓，太多吃不完。一般人衡量飯量的方式可能會用一碗或半碗做粗略描述，有些自助餐用秤重的方式計價，超商賣的餐盒講究清楚標示，不但寫明重量還會標示卡路里，都算是相當**客觀**的參考數據。

第二是**質**。這類型的評估就不太容易標準化，因為每個人對色香味的主觀偏好不同，有時候也和用餐空間、餐廳服務、當天心情，甚至是前一餐吃什麼的**心理感受**有密切關係。又好比有些亞洲人吃不慣義式風格料理的炒飯，因為與過去的經驗完全不同，也會造成**期待**上的落差。

這或許就能解釋為什麼網路上對餐廳的給分總是評價不一，同一家餐廳有人給五星，也會有人給一星；而十大好吃炒飯排行榜上，有大餐廳也有路邊攤，但還是有人對這種排行榜不屑一顧，因為他們總覺得，自家巷口那家最好吃。

吃完蛋炒飯，我轉往附近一家咖啡廳處理一些文件。咖啡廳才剛開張，空調還沒開啟，態度親切的老闆看我滿頭大汗，趕緊把空調打開，過一會兒端上咖啡時，也沒忘了再問一句：「還覺得熱嗎，目前這個溫度可以嗎？」

人們對熱環境與蛋炒飯的滿意度極度類似

這是個關於「熱舒適」的標準問題。日常生活中你應該不常被問到這個問題，但這卻是你常常有意識，會在心裡自問自答的問題，它驅動著你去調整冷氣溫度、打開風扇、調整衣著，或單純針對不舒適的狀況在自己心裡抱怨。若別人認真地問了，要你回答這個問題，你大概也會覺得這個問題不難回

答，只要把身體對於環境冷熱的生理感受，直接回答出來就可以了。

事實上，回答這個問題沒有你想像中的簡單。你的大腦要經歷一段數據分析評估的複雜運算，才能答覆這個看似簡單的問題，這其實就像要你回答「你滿意這盤蛋炒飯嗎？」一樣不容易！

「熱舒適」就是要探索一個人身處於一個特定的「熱環境」中的主觀感受。一盤蛋炒飯是由白米、雞蛋、配料、調味品四項元素組合而成，熱環境剛好也是由四項氣候因子組合而成。不只是我們熟知的**空氣溫度**，還有代表空氣潮溼程度的**相對溼度**、空氣流動速度的**風速**、直射陽光（短波）或材料表面溫度釋放（長波）的**輻射**。

想像一下，同樣是在一個氣溫27℃的室內空間，在有開／沒開電風扇時，或是坐在靠窗日晒／內部陰暗的位置上，熱環境會完全不同，所以我們必須同時考量這四個氣候因子才能正確地描述熱環境。然而問題來了，這四項氣候因子的單位都不同，要如何「加」起來呈現一個數值來代表目前冷熱的程度呢？

用「體感溫度」來評估冷熱的程度，
就像用熱量來評估蛋炒飯的分量

　　要把不同性質的東西加起來量化評估也不是稀罕的事，我們常用來判斷食物的「量」就是這麼進行的。舉例來說，要評估一盒蛋炒飯的量，我們可以把所有食物換算成一樣的單位——**熱量**（單位是大卡），就像從超商購買的一盒蛋炒飯，標籤上會標示它的熱量大約700大卡。

　　然後，你可以在衛福部或一些關於食物與減重的網頁中，由你的身高、體重換算出你的身體質量指數（BMI），再依據你的每日活動或運動量，就可計算出在維持健康體重的前提下，你的**每日建議攝取熱量**，成年男子約是2,000-2,500大卡左右。你甚至也可以查到針對一個人在過輕、中等、過重的**體型**，或需要執行輕度、中度、重度**工作**條件下的每日建議攝取熱量。對一個三餐等量攝取的成年男子而言，一盒蛋炒飯的700大卡，大致是一餐應攝取的分量，「應該」可以吃得飽。

　　就像食物分量的多寡可以用熱量來描述一樣，熱環境的冷熱程度也可以把上述的氣溫、溼度、風速、輻射這四項氣候因子，再加上衣著量及活動量這兩項人體因子，應用人體熱平衡的理論，把它們合併在一起對目前的冷熱程度進行整體評估。我們把這種對熱環境評估的數值稱為「**熱舒適指標**」，有些

體感溫度除了受外界氣溫、溼度、風速、輻射影響外，也受衣著及活動的影響。

人也稱為**體感溫度**。因應不同氣候區及使用特性上的需求，目前已有上百種熱舒適指標，一般而言寒冷地方會加強指標中風速的影響權重，熱帶地區則普遍強調輻射熱的影響。

我們也會在氣象預報聽到，「明天寒流來襲，全台平地最低溫預計約12℃，南部沿海地區因為地面的風速較強，體感溫度更可低達8℃」，或是「今天台北市氣溫將來到36℃，但因天氣晴朗無雲，如果站在沒有遮蔭的日晒處，體感溫度可能會高達38℃」。

體感溫度使用的單位也和氣溫一樣，是℃，這是為

了讓你使用過去熟悉的氣溫經驗來**類推**你身處在當下環境的可能感受，就好像告訴你這盤蛋炒飯的熱量**相當於**兩碗白飯的熱量，讓一般人比較容易理解及想像。

你可能也聽說過，有些人希望能控制一天攝取食物的總熱量，卻又抵擋不了高熱量甜品的誘惑，就會把熱量用在刀口上，減少正餐的分量，把空間留給高熱量食物。

同樣的概念，環境中的四項氣候參數可以透過這種「抵換」的方式各別調整，以維持相同的體感溫度。舉例來說，在氣溫提高的時候，我們可以增加風速來維持同樣的體感溫度，分析顯示當室內氣溫從26℃提高到27℃時，如果原先的風速是每秒0.5公尺，那麼只要將風速提高到每秒1.2公尺，即可維持相同的體感溫度。這也就是為什麼我們可以在吹冷氣時把溫度調高一些，改用電風扇輔助，也能達到同樣舒適的效果。

真正的「熱舒適」攸關心理的滿意度，就像「好不好吃」重要的不只是分量

之所以能進行這種參數間的「抵換」，是因為依據**人體熱平衡**理論，只要人體吸熱和散熱的合計結果相同，體感溫度是會相同的。如果吸熱大於散熱，使體內蓄積的熱量增加，那人們就會覺得熱，反之就會覺得涼，如果兩者相同，那就會覺得

舒適。這種評估熱環境的方式，看來和計算食物熱量一樣科學及嚴謹，應該能充分代表人的感受吧？

然而事實則不然。就像是那一桌用餐的家人互相討論對蛋炒飯的滿意度一樣，量（或說是熱量）的多寡對他們的重要性可能微乎其微，質（或說是好吃）才是影響他們喜好的關鍵。同樣的，體感溫度只能反應出熱環境的量，**無法**描述熱環境的質。

甚至，更嚴格地說，用體感溫度所定義出的舒適範圍，不一定適用所有的人。這就像是兩個身高體重年紀性別都一樣的人，他們在餐廳點了一盤蛋炒飯吃，不只是對於好不好吃（質）的評價不一，甚至連是不是吃得飽（量）的感受都不盡相同。這些大部分都是受到心理層面的影響，主要是經驗與期待。

明明台灣在地的研究顯示舒適的體感溫度大概26-28℃，為什麼有人天生就喜歡涼一點，室內的空調溫度總愛設定在更低的溫度，如22℃？

造成一個人不喜歡高溫的原因有很多，也許是高溫使皮膚容易流汗導致黏膩或過敏，也許是高溫導致心情煩躁、工作效率不高。這些不愉快的感覺容易造成錨定效應[註1]，人們仍以過去慣常低溫的設定為其優先考量。

低溫的環境也常塑造一種好品質的**高級感**形象，進

入一個不怎麼涼的商場、餐廳、旅館、辦公室中，很容易引起「一定是生意不好，所以店家省錢不把空調開強一點」的聯想。

這些你長年對於溫度的「經驗」，像一場不自覺開展的內心戲，你已經分不清到底是生理或心理的需求，久而久之就會變成了你對於溫度的「期待」。

在個別差異與公眾利益之間，
有沒有能讓大多數人都感到滿意的平衡點？

「熱舒適」是十分個人化的感受評價，不只受到客觀的環境因子（氣溫、溼度、風速、輻射）綜合結果的影響，也會受到個人主觀喜好的左右。就像詢問你對食物的滿意度一樣，你不只在意分量是否充足，更在意它好不好吃。

讓我們從在地、專業、體貼、自律來看待熱舒適吧。

首先應該要理解，這個客觀環境的綜合結果，也就是體感溫度，應該要基於**在地**的氣候、文化、活動的特徵，有著不同的標準。很遺憾，目前空調系統在設計時，都是引用自溫帶國

註1： 錨定效應（Anchoring Effect）是指人們在做決策時，最一開始的資訊，會對我們日後的決策造成極大的影響。就這個例子而言，當你曾經因為熱而導致不愉快，日後高溫時就會希望溫度能夠低一些。

家發展的標準，未必能適用於台灣。我們得依據在地使用者的需求，訂定屬於我們的在地熱舒適標準。

這有助於戶外環境規劃者、建築空間設計者、室內營運管理者提供一個讓大部分使用者覺得舒適的溫度。景觀設計者在人行道上種植了茂密的植栽提供遮蔭，建築設計者提供雙向的開窗讓氣流得以進入室內，室內空間管理者設定一個適宜的室內氣溫能兼顧舒適及節能，都是對使用者的舒適性理解下的**專業**作為。

同時，也因為人們主觀的感受充滿個別化差異，我們一方面要更理解包容他人對熱舒適的需求，例如有些人怕寒風帶來的冷冽，有些人不喜歡日晒引起的熾熱。我們得認知到這些差異確實存在，以同理心包容他們對熱舒適性提出的需求，妥善地回應及配合。餐廳的服務生將怕冷的年長者安排到不是出風口的座位，旅館內的空調溫度可視房客的需求自行調整，或是那位咖啡廳老闆看到我滿頭大汗而願意提早開啟空調，這些都是能提升使用者舒適性的**體貼**方式。

最後，但是最重要的，妥善且負責地決定你室內空調應有的溫度。在寒冷的冬天你提高了室內氣溫，炎熱的夏天則降低了室內氣溫，你理解到，這個溫差大一些，你會舒適一些，但是你付出的代價——能源、排

熱、金錢——也會多一些。室內及戶外的溫差有多小，你對熱
舒適的**自律**就有多大。

　　我對舒適性能這麼彈性及樂觀看待，一方面是基於對人
類生理的調適機制的理解，另方面是對人類行為調適手段的信
任。接下來的兩節，讓我來告訴你人類對於溫度的適應性，和
萬物比較起來，是多麼地傑出而與眾不同。

 熱舒適是客觀度量加上主觀評價，範圍很有彈性，試著擴大
自己的熱舒適接受範圍，也多包容他人對溫度的需求。

1-5
生理調適：
狐獴的黑肚子及黑眼圈

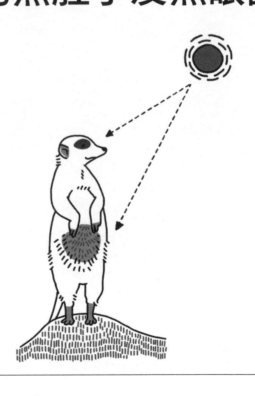

一隻瘦弱的狐獴，在沙漠清晨醒來，悄悄地爬出藏身的洞穴。牠雖然不知道這一天會有什麼新的挑戰，但牠曉得老天給牠的這副身軀，足以面對這裡最嚴苛的天氣條件。

太陽剛從地平線上升起，清晨的氣溫仍低。牠用兩隻後腳站了起來，尾巴撐在地上好讓身體平衡。接著，搖了搖腹部稀疏的體毛，露出了底下的一小塊黑色皮膚，然後把這個黑肚子精準地朝向太陽。這個動作讓狐獴得以吸收熱輻射，在站哨防衛時身體能夠溫暖一些。

中午時刻，狡猾的老鷹總愛在太陽的前方飛翔窺視，讓地面上的獵物因逆光而不易察覺牠即將發動的俯衝襲擊。還好狐獴的黑色眼圈讓牠像戴了太陽眼鏡般，能夠直視太陽及早發現老鷹的行蹤，通知伙伴趕緊逃命。

午後的空氣溫度愈來愈高，狐獴會趴在樹蔭下，把肚子緊貼在地面。讓熱量透過熱傳性能好的砂子散熱，使身體涼一些，舒服地睡個午覺。

晚上氣溫驟降，為了要度過寒冷的夜晚，狐獴回到牠之前奮力挖好的洞穴。這裡白天陰涼、夜間溫暖，正好適合沙漠日間溫差極大的氣候條件。狐獴家族這時會群聚一起，互相擁抱取暖好入眠。

適應溫度是動物的本能

經歷了漫長時間的演化歷程，動物的身體會隨著牠的出生地氣候環境不斷調整設計，使牠能抵擋外來的威脅，持續生存、活動、繁殖，就像狐獴一樣。

海豹皮膚底下肥厚的脂肪是天然的隔熱材，還可透過內部複雜的微血管系統調節體內的熱量：在冰水中游泳時，微血管收縮，防止熱量散失；當牠躺在石頭上做日光浴時，微血管則會擴張，讓熱量發散。

如果再搭配一些行為的小技巧，動物就更能適應外界更劇烈的氣溫、溼度、風速、輻射的變化。

在炎熱的夏天，**蜜蜂**會振動翅膀朝著蜂巢搧風，讓空氣流通降溫。當氣溫太高時，牠還會離開蜂巢去找水，回來後再把水吐出來形成水膜，然後再開始搧風，應用蒸發冷卻的方法降溫。

在寒冷的南極，母**企鵝**產下蛋後，會把蛋交給公企鵝，讓母企鵝可以去遠方覓食。公企鵝會把蛋放在腳上，用肚子溫暖它。當強烈冷風吹襲時，公企鵝們會全部都擠在一起，面對面圍成一個圈圈，用背部抵擋寒風，孵化出來的小企鵝則被集中在溫暖的中央區。

不只如此，即使是同一個物種，在不同的氣候區

德國生物學家柏格曼發現，恆溫動物的體型會隨著生活地區的緯度或海拔增高而變大，所以生活在寒帶地區的人，體型通常都比熱帶地區的人來得壯碩。

還會呈現不同大小的體型來對應氣候——這就是**柏格曼法則**（Bergmann's rule）。

　　德國生物學家柏格曼發現，同一種類恆溫動物的體型，會隨著生活地區**緯度或海拔**的增高而變大，也就是說，愈低溫的地方，動物的體型愈大。例如，生活在北極的北極熊，牠的體積就會比其它地區的熊的體積來得大。他指出，當動物的相對體表面積（即體表面積與動物體積之比）變小時，可以讓體表

熱量的發散率降低，體溫比較不容易流失。這就像一大鍋熱湯保溫的效果，會比一小碗還來得好。

流汗——人類熱調節領先萬物的關鍵

人類的演化也符合柏格曼法則。例如愛斯基摩人的體型比東南亞人來得大，就是因為居住在寒冷的地方要保暖，所以身體比較厚實，而東南亞地區炎熱高溼，需要散熱通風，所以身體就會比較瘦一些。

然而，人類的身體在調節溫度方面，難道只有這樣的對應機制？狐獴可是有黑色皮膚幫忙吸熱放熱，還有自帶的太陽眼鏡呢！人類究竟還有哪些與生俱來的天賦，能對應溫度的變化呢？

答案就在你的皮膚。更精確地說，是皮膚極佳的**出汗能力**。

「人體的皮膚能透過汗液的分泌與蒸發，高效率地排出體內的熱量，這是人類生理熱調節能力**遙遙領先**其它動物的關鍵。」中國醫藥大學陳振犖教授這麼告訴我，他是國內熱危害及生理熱調節的權威，「當你運動或戶外高溫時，體內熱量增加，汗腺會分泌汗液到皮膚表面，接著透過汗液蒸發的過程，帶走體內的熱量，幫

身體調節溫度。」

　　我好奇的是，難道其它動物沒有像人類這種排汗能力嗎？他仔細想了想，說道：「**確實沒有！**比如像黑猩猩（chimpanzee），雖然也會排汗，但汗腺密度比人類低很多，又有毛髮覆蓋，所以排汗的能力就不如人類。」

身體會記得你經歷過的環境溫度

　　「記得當時剛從美國回到台灣，高溫高溼的天氣讓我連著兩三天都覺得身體不舒服。」陳老師大學畢業後到美國威斯康辛州進修碩博士，那裡緊臨五大湖區，是冬季嚴寒下雪的區域。他說：「剛回來台灣的時候，我發現自己排汗量不多，身體總是感覺悶熱，過了幾天，排汗量開始慢慢增加，一周後身體就完全適應了。」

　　人類腦幹中的下視丘，會依環境的氣候特性，來控制生理熱調節。「當它發現你從寒冷的地方移居到炎熱的地方，原本保溫的機制就會變成散熱的機制，它會試著從心跳、血液、微血管、汗腺、呼吸等各方面進行調節，分配散熱的方式，**學習**一陣子就會找出一個最適應高溫環境的方式。」

　　「等你回到寒冷的地區，它發現環境改變了，會再重新學習，調整到保溫的模式。」他接著說，「如果你許久之後又回

到炎熱的地方，這次身體對從前的這個氣候有記憶，這次就可以**更快**地切換到以前的調節模式。」

另一個現象也很有意思，人們當下及長期的活動量，也會充分影響下視丘如何進行生理調節的「預測」。如果你打一場籃球中場休息，你坐了好一陣子但皮膚仍持續排汗散熱，是因為它會**猜想**你可能還會有劇烈活動，先讓你處於暖機的待命狀態。如果你是長期暴露在豔陽下的建築工人，那你的排汗效率會比坐辦公室的人還要好，因為它預期到你會長期處於戶外高熱壓力及活動量，會讓你隨時維持最好的散熱狀況。

也許你忘了，但身體**始終記得**你所經歷過的溫度，並學習去適應。

「直到目前，人體還有很多複雜且奧祕的熱生理機制，還未被科學家完全了解。」陳老師說，「但我們應該**信任**這個自然的機制，並隨時留意它釋放出來的警示，過多人為介入的手段或控制，對人體熱調節未必是好事。」

你喜歡流汗嗎？

現今還能存活在地球上的動物，身體似乎都有那麼

一些能調節溫度、適應氣候的特質。人體則像一部終極的**精密控溫系統**，還能從過去溫度歷程中學習，來預測你的需求，並提早因應。最大的亮點當然是人類領先世間萬物，很擅長流汗這件事。（動物若聽得懂這句話，應該會覺得很好笑吧！）

但我還是要問你一個很現實的問題：你喜歡流汗嗎？

「呃......這得看狀況吧。」我猜大多數人會這麼說：「運動流汗當然好，可以排熱也同時排出體內廢物。」「在戶外行走時，流汗讓衣服溼透，身體黏膩，如果沒有風就更糟了。」「室內流汗會讓人覺得煩躁，學習及工作效率很差，生活品質也不好吧。」「一流汗妝都花了，防晒乳和隔離霜還得重補。」

關於流汗在各種情境下的**忍受度**，其實是人們很主觀的感受，也沒有什麼既定原則。只不過，希望你在了解生理熱調適的概況之後，未來可以用不一樣的角度來觀察或欣賞流汗這件事。

你可以想像流汗時，身體這麼對你說：「你現在體內比較熱，我正在**努力**幫忙你散熱，目前排汗是我計算過最有效率的方式。除非我給你一些高溫危害的警示，例如呼吸急促、頭痛、噁心、嘔吐，不然的話，就保持通風、補充水分，繼續做你的事吧！」

當生理調適已經不足以幫你應付外界的環境，或是，你希

望再舒適一點，該怎麼辦呢？下一節要告訴你，人如何透過行為來調適環境，人們的選項可多著呢！

消暑
涼方 05 人類有絕佳的生理機制來適應溫度，排汗調節能力領先萬物。高溫時請享受流汗的片刻，並傾聽它傳遞的訊息。

1-6

行為調適：
西奧多的方格襯衫

Theodore

「你看站在山坡上那頭小山羊！」安得烈正開著他的福斯小車，載著我從德國南部弗萊堡（Freiburg）前往黑森林，他指著窗外告訴我：「牠長期站在陡峭的山坡上，以致**後腿都比前腿長**了，這就是動物對環境的調適結果。」他刻意放慢車速，讓我可以仔細端詳，一時間我還真不曉得要怎麼光用目測就分辨出山羊前後腿的長度差異，聽到他隨之而來的放聲大笑，我才知道這又是他的玩笑話。

安得烈・馬薩拉奇（Andreas Matzarakis）教授是德國聯邦氣象局轄下人體生物氣候研究中心主任，也是弗萊堡大學氣象研究所教授。我們常在世界各地碰面，在溫帶及熱帶國家都有，他來台灣也有十幾回了。和他步行時，他常會突然停在路上轉過身看著我準備要說話，但我總猜不透他是要闡述對氣候變遷的想法，或單純只是想開個玩笑。

回到他位在弗萊堡的辦公室，他告訴我：「**調適**（adaptation）是調整或改變自己來適應外界環境的變化，動物短時間內要改變身體結構來適應環境是不太可能啦，但山羊對於溫度倒是有幾種**生理調適**及**行為調適**的方法。」我確定他開始要認真說了。

「當環境氣溫升高、日射量增加、風速降低時，山

羊的皮毛溫度會上升，牠體內的熱調節機制便會啟動。例如，牠會從口鼻呼出高溫氣體，從皮膚擴散水蒸氣，以排出體內多餘熱量，確保體內核心溫度不致過高，這就是**生理調適**。」

「但是，當生理調適無法因應更嚴苛的高溫時，山羊會有一連串的**行為調適**。」他說，「山羊會增加水分攝取，減少食物量。牠會花更多的時間站立，調整身體面向太陽的方位。太熱時，牠還會移動到遮蔭處，小山羊甚至會挨在大山羊身邊躲避太陽，很狡猾吧！」

「人類的行為調適手法就更多了，」他突然若有所思，想到什麼似的說道：「啊對了，我剛進門都忘了先介紹西奧多（Theodore）給你認識，他也是一位氣候調適的專家，你也可以從他身上學到一些關於熱舒適的事。」

我正納悶著他辦公室哪有這個人，只見他指了指他的辦公桌下，有一隻大概人體膝蓋高，穿了方格襯衫和吊帶褲的小山羊正望著我，「衣著，就是一種最直接的行為調適！」他笑著說。這頭羊當然是假的，但這描述百分之百正確，不過只適用於人類。

山羊是熱行為調適的高手

山羊確實是熱環境的行為調適高手。讓我們花些時間了解

西奧多[註1]怎麼適應高溫炎熱的氣候，以及背後的原理，因為那和人的調適行為十分相似！

　　天氣熱的時候，西奧多會增加水分攝取量，並提高飲水頻率。就如前一節說明過的，從皮膚擴散水蒸氣及流出的汗液可以調節體溫、預防中暑，也因此需要補充水分，維持身體的水分平衡。牠也會減少食物的攝取，以減少消化過程中的代謝發熱。

　　西奧多會增加靜止的時間，減少走動以避免活動產生的代謝量。牠偏好站著多過於趴在地上，而且還會調整身體的朝向，這樣有助於牠避免太陽直接輻射和地面輻射的影響，同時，站立的姿勢讓身體表面暴露在氣流中，有助於散熱。

　　如果高溫與日晒的狀況嚴苛，西奧多則會移動到有陰影的地方，也許是樹蔭，也許是主人為牠設計的小遮棚，這可以降低身體所接收到的日射量。研究指出，遮陽結構可以減少動物30-70%的總熱負荷，在陰涼處的羊的呼吸率（每分鐘80次呼吸）比太陽下的羊（每分鐘125

註1：我們姑且把西奧多當作是一頭如假包換的山羊吧，因為安得烈後來真的幫他註冊了一個電子郵件，還發了信問候我，而且我也當真回了信給他。附帶一提，出生且幼年成長於希臘的安得烈會為他取名Theodore是有典故的，那是一個古老的希臘名字，由theós（神）和dóron（禮物）兩字組合而來，代表「神的禮物」。

次呼吸）低56%，同時產奶量更多。

衣著：人類最直接的行為調適手法

人和動物最大的不同，就是衣著。儘管動物有皮毛，但不像人們一樣可以穿上衣服增加與環境的阻隔，也可隨時穿脫而保持彈性。

人體核心溫度大概37℃左右，通常比空氣溫度還高，所以熱量會由人體傳遞到外界的環境。由於衣著具有隔熱的效果，在較冷時我們會多穿一些衣服，提升身體的保溫能力，減少熱量釋放；而較熱的時候少穿一些，並著短袖增加皮膚與空氣的接觸面積，可以提升身體的散熱能力，降低核心溫度。

但是在極度高溫及強烈日晒的區域，人們就得有不同的穿衣策略。因為氣溫可能高於人體的表面溫度，再加上太陽輻射會加熱皮膚，反而要用衣著來阻擋熱量進入體內。就像阿拉伯地區人們普遍穿著**寬鬆的長袍**，不但能夠阻擋直達日射量，布料和皮膚之間的空氣層又能創造隔熱的效果。在台灣盛夏時騎摩托車要搭薄外套，也是這個道理。

衣著雖是便捷且個人化的行為調適手法，然而，台灣氣候高溫潮溼，光靠衣著其實難以達到我們對舒適的需求。

因為在自然的環境下，氣溫和溼度很**難做調整**。這時候

日照跟氣流就成了兩個重要的因子，人們針對這兩項因子，也發展出調適行為。

躲避陽光、渴望通風

照射太陽會使皮膚的溫度升高，會增加流汗感覺黏膩，會使皮膚晒黑晒傷，再加上許多複雜的氣候及文化因素，使台灣人就是不喜歡太陽。

台灣的熱舒適性調查研究顯示，人們明顯排斥日晒。當氣溫過高時，有超過92%的使用者都希望**日射小一點**，比其它三項參數（氣溫、溼度和風速）還高。那人們會進行什麼調適行為呢？前往樹蔭是最多人選擇的第一選項（80%），第二選項為人工遮蔽物（76%），接下來男性是以喝冷飲，女性則以撐陽傘為第三個選項。

有趣的是，一個使用側錄觀察的研究也顯示了人們對遮蔭的喜好。在同一個廣場上，有75%的人聚集在陰影下，同時，停留在陰影中的時間（15分鐘），比待在日照區（5分30秒）多了9.5分鐘。另外一個發現也很有趣，待在日照區的人們，大多是進行走動、玩飛盤、追逐等動態行為，而待在陰影處的人則多為靜態行為，如談話、看書、飲食等。

這顯示了在台灣，人們非常期待較低的日射量，所以即便走到戶外，也傾向於移動到有良好遮蔭的位置，從事穩定而靜態的活動，且使用率也比日照區來得高。

　　期望有**空氣的流動**，則是台灣民眾希望能改變氣候的第二選項。氣流有助皮膚變得乾燥，皮膚的汗液可以被蒸發，能帶走體內的熱量，皮膚也有相對乾爽的感覺。

　　戶外風速其實不用很大，大概每秒0.8公尺以上，也就是你拿一張衛生紙會飄動（不需要強到垂直90度）的程度，這樣就夠舒適了。人們對室內風速的要求則更低，大概每秒0.5公尺以上，這差不多像是在戶外無風的狀況下，你打開窗戶幾乎感受不到氣流的程度。可別小看這種幾乎無感的風速，它可以緩慢而穩定地帶走身上的熱量。

符合台灣民眾需求的行為調適方法

　　堅信自己有氣候適應的本能，生理調節是第一關，還不足的就用行為調適。

　　利用**遮蔽物**來阻擋太陽的日射，是降低環境平均輻射溫度、提升人體熱舒適性的關鍵對策。遮蔽物能阻絕太陽的短波輻射，避免人體、環境、空間被日射直接加熱；同時，遮蔽物形成的**陰影**，也可以減少材料被加溫而釋放出的長波輻射。

在強烈的陽光下，應儘量選擇在自然或人工遮蔽物下活動或行走，例如大型喬木、行道樹、騎樓、遮廊、頂棚等。縮短直接暴露於戶外日照區的時間，並以撐傘、戴帽、穿著淺色長袖衣服等方式來阻擋日晒。

在**通風**良好的地區，有助於身體的**散熱**，還可以減少汗液停在皮膚上的黏膩感。人工阻礙物愈少，通風狀況就愈好，例如寬闊的道路、大型的開放空間，就會比狹窄的巷道、街廓內的小空地來得好。

低溫及高溫的交界處，因為氣壓的差異，也會自然產生氣流。河道與陸地之間的水岸空地、公園和大樓之間的人行道、陽台與室內之間的窗戶，都是通風較好的位置。

而上述的行為調適，都需要有事前妥善的環境規劃及空間設計上的配合。透過事先周延的規劃設計，就能夠創造出因應氣候（climate responsive）的環境與空間，有助於人們的行為調適。下一章我們就以**住居空間**為對象，分析一下室內為什麼高溫難耐，應該採用什麼樣的設計方式，來提早因應，預約我們想要的熱舒適。

 頻繁調整衣著是我們防禦高溫的基本能力，遇到太陽躲好躲滿則是必學祕技，還要記得善用氣流這個幫助降溫的神隊友。

第二章

溫度與
住居空間

2-1
預約熱舒適：
提早購票享折扣

應該要早一點預訂火車票的。

為了安排一段暑假到德國參加學術會議的旅程，研討會的註冊費我好幾個月前就以八折的早鳥優惠價支付，機票也很早就訂好，還能選到靠走道方便活動的位置，上周又用便宜的價格訂到旅館，鄰近安得烈在氣象局的辦公室，也離研討會地點很近，重點是隔壁還有間平價超市。

但唯獨火車票這次太晚決定了。一直在猶豫著要搭轉乘多次的區域慢車，或是直達的城際快車。沒想到快車的價格愈接近乘車日愈高，幾乎每一兩周就調升一點，官網上顯示的價格幾乎是三個月前的兩倍。但因為班機抵達時間已確定，又和安得烈約好見面的時間，只得忍痛買比較貴的快車票了。

幾次安排短期出國旅行的經驗告訴我，如果能提早規劃，通常都可以用更便宜的費用，獲得更快、更多、更好、更方便、更舒適的旅行體驗。旅遊途中臨時要提高品質是要付出代價的，要買當天較佳的車票、旅館、餐廳、門票都比較昂貴，有時還得要花時間排隊及等候。

想要舒適生活，同樣也要付出代價

只要有安排過旅行的經驗，大部分的人都會知道，提早預約車票和旅館，不但可以降低旅費支出，還能選到好位子；但

是你可能從來沒想過，你也可以透過提早規劃，預約一個舒適的居家空間。

現代人買房子、租房子重視區位、坪效、公設比，講究一點的還會比較房子的建材設備，追求用最划算的價格買到最大的空間、最高級的設備，但居家空間的熱舒適性通常不是人們考慮的重點，往往要到了入住之後，才會發現室內高溫令人難以忍受，得付出更多的代價，才能換取足夠舒適的生活。

想像一下，炎熱的夏季，你忙了一天回到家中，房間悶熱無比，直覺的反射動作是按下空調的按鈕，冷風從室內機的出風口吹出，大概十幾分鐘後氣溫逐漸降低，你開始享受這舒適的環境。

吹冷氣，當然是最快讓你享受到涼快的方法，但是在享受這個快速服務的同時，你想過你得付出什麼相應的代價嗎？

第一個代價當然是空調的**用電**。以台灣平均一戶住宅40坪的規模，一年花在空調的費用大概就要5,400元左右[註1]，這和一些人一年的手機通訊費用差不多。如果只以夏天來看，則空調更占了夏季用電量的47%，這意味著夏季時有一半的電費，都耗費在降低室內氣溫。

「這點錢對我也不是問題啊，辛苦賺錢追求較好的

舒適品質也是應該的吧。」有些人也許會這麼想。

然而，電力是有限資源，發電的同時也對環境、安全、健康造成不同程度的衝擊，火力發電還會釋放溫室氣體、提高碳排放量，影響極為深遠。

第二個代價和所有人都有關，就是空調室外機的**排熱**。當你吹冷氣的同時，室外機會持續往外排放高達45℃的廢氣，這是造成都市高溫化重要的原因。

排熱也造成用電的惡性循環。在台灣的研究顯示，同樣一戶標準住宅，坐落於熱島高溫的「蛋黃區」中，會比郊區低溫區多了每年6,400元的空調耗電量。也就是說，你因為吹冷氣而導致的排熱，將使戶外的氣溫提高，造成周遭的鄰居也需要吹更強的冷氣，導致更多的廢熱被排放到戶外，及更多的空調電費支出。

除了住宅之外，辦公大樓、學校、醫院、百貨、商場、展覽館許多類型的建築物，空調用電都占全年用電量的一半以上。人們為了追求舒適生活所衍生而來的都市高溫及增加的用電量，都成為市民必須共同承擔的代價，攸關公平與正義。

註1：依《綠建築評估手冊》中用電的統計，國內住宅平均耗電密度，每年每平方公尺約46度，依能源局調查，住宅空調耗電量約占全年用電量的28%，夏季則將近一半47%。也就是說，每一平方公尺的家庭樓地板面積一年有13度要用在空調電費上，若以每度3.5元來計算，大概是45元左右。內政部統計，台灣一家四口的住宅約40坪（120平方公尺），所以一年花在空調上的費用大約在5,400元左右。

這個代價很昂貴吧！在尋找降溫、減少電費支出的策略之前，我們先來看看，室內的熱是從哪裡來的。

室內不舒適有四個關鍵因子影響

把時間倒轉到你回家的場景，在你正受不了悶熱想要開冷氣時……請暫停在這裡。早上出門時室內明明沒這麼熱，為什麼傍晚回家時卻變得這麼熱呢？

這個原因，來自影響熱舒適的四項氣象因子：氣溫、溼度、風速、輻射。

氣溫是影響室內舒適性的主要原因。每天清晨四、五點時戶外的氣溫最低，白天陽光照射牆壁所蓄積的熱量，會在此時散發到戶外，使室內逐漸降溫。而隨著太陽升起，戶外的氣溫上升，到中午達到最高，這些熱量又會從外牆傳進室內，使室內的氣溫上升。

輻射則專挑玻璃來偷襲室內舒適性。太陽短波輻射穿透玻璃，使室內的地板、牆面、家具的表面溫度升高，進而釋放出長波輻射使氣溫升高。此外，如果日射直接晒在人們的衣著或皮膚上，體內的蓄熱量會增加，我們就會覺得強烈地不舒適。

風速不足則是室內熱量無法排出的關鍵。開窗通風

是唯一能夠自然排出室內熱量的方式，如果風速不足，將造成室內蓄積的高溫無法排出，也使人體皮膚難以散熱，而降低我們舒適的感受，還會造成室內換氣量不足，影響空氣品質。

溼度則對台灣的室內熱舒適的影響不大。一般而言，溼度愈高則熱舒適愈差，但是，大部分台灣人已適應長年潮溼的氣候，所以對我們的影響不大。不過，倒是要注意室內如果長期溼度太高，會有黴菌增生的問題，影響健康。

室內的熱舒適惡化通常不是只由一項因子造成，而是四項因子的問題疊加產生的結果。

既然我們已經知道造成不舒適的原因，以及當下改善熱舒適的代價，那麼，你是否願意提早規劃居家空間、提早預約熱舒適？又該在什麼時間點提出你的需求呢？有沒有一張像出國旅遊的檢核表一般的表格，能提醒我們及早預約呢？

先了解建築基地的微氣候特性

預約熱舒適的第一個時間檢核點，要從選定房子所在的區域那一刻開始。

首先，我們必須了解這塊建築基地周圍的氣候條件。這就像是你得知道旅遊地點的氣候如何，才知道要帶什麼衣服一樣，唯有知道基地的氣候優勢及劣勢，後續在建築物進行設計

時，才能適當應用資源、排除阻礙，達到舒適的目的。

要判斷一塊建築基地的氣候條件，最可靠的方式是取得長期的氣候量測資訊。我們可以先尋找附近是不是有氣象站，從它長期的溫溼度、風速、日射的量測數據來歸納論述其氣候特徵。中央氣象局的氣象站量測精準且維護妥善，是最具參考價值的氣候資訊。

如果附近沒有官方的氣象站，則可依自行架設的系統進行局部的觀測，我的研究團隊就在六都的市區內架設了250個溫溼度測點[註2]，來探索都市氣溫分布的特徵。

有了微氣候的資訊，就可以進行後續設計的應用。一個原本就涼爽的建築基地，在設計時只要掌握好環境的優勢，就能滿足舒適的需求。但如果是位於都市內的土地，依照都市熱島現象的理論，氣溫會比郊區來得高，設計上就得多花一些精神來達成舒適的目的[註3]。

註2：為了長期觀測都市熱島現象，成功大學建築與氣候研究室（BCLab, Building and Climate Laboratory），在台北、新北、桃園、台中、台南、高雄的六個都會區建置了高密度氣溫量測網（HiSAN, high-density street-level air temperature observation network）合計約有250處微氣候站。

註3：都市在同一時間下最高溫區及最低溫區的氣溫差異，就是「都市熱島強度」，它代表了人為開發下都市高溫化的現象。以台北市為例，2020年7月24日打破台北市設站124年高溫紀錄那天，HiSAN觀測的氣溫在萬華為38.4℃，南港則只有35.2℃。就差了3.2℃左右。

建築外殼設計是預約熱舒適的關鍵

第二個時間檢核點，則是建築設計階段。當我們了解室內不舒適的因素，以及建築基地的微氣候特性，代表已經掌握了熱舒適問題。**建築設計**是建築師竭盡心力滿足使用者需求、並回應環境特性的過程，而針對熱舒適議題而言，關鍵並不在室內，而是在建築的外殼。

什麼是建築的外殼？就是你站在戶外看得到的外牆、玻璃、窗戶、遮陽等部位。它是居住空間與戶外氣候之間的界面，也正是前述四個關鍵因子從外部進到室內的第一道防線。這些部位的坐向方位、使用材料、尺寸比例、組合方式，就幾乎主宰了室內的熱舒適條件。

良好的建築外殼設計，就像是一座設計精良的城堡，能對抗外界的高溫，贏得這場熱舒適戰役。

外牆是戶外高溫大軍進攻城堡的第一道防線，良好的材料隔熱可以減緩高溫傳進室內的速度；**玻璃**是太陽這位弓箭手瞄準的弱點，我們得避免牆面上有過大的玻璃面積，並須設置在適當的方位，以降低進入室內的日射量；同時，要依照日射來向設計**遮陽**，就像盾牌般精準地攔下持續攻擊的輻射熱；**通風**則像是前來支援降溫的友軍，透過良好的開窗及路徑，讓他們扛走累積在室內的熱量，以及人體、機具、浴室及廚房產生的

溼氣。

第三個時間檢核點是最容易被忽略的，就是使用行為。建築師將這個設計精良能維持舒適的建築物交給你後，好像沒有附上**使用說明書**吧！但你得學會如何使用，例如，什麼時候將窗戶打開才能促進降溫，要打開哪幾扇門及窗戶才能促進整體的對流？開啟冷氣之前，可以先做些什麼，以及氣溫要如何設定才能減少能源的消耗？定期檢視我們的行為並進行調整，才是長遠有助於舒適性的策略。

預約舒適生活，從培養你的判別力開始

當然，當室內氣溫過高而影響生理機能時，還是得開冷氣降溫。只是我們都知道，開啟冷氣會增加用電量，花費金錢，排放的熱氣還得讓所有市民承擔。過度依賴人工控制的溫度，也削弱了我們適應溫度的本能，長期而言，對於健康絕非好事。

不過，我們可以提早預約熱舒適，而且成本很低。就像旅程可以提早規劃享折扣優惠一樣，從開發商選擇土地進行規劃，到建築師的建築外殼設計，只要初期願意多花一點時間規劃設計，事後就可達到室內熱舒適，

不需付出昂貴的代價。

　　你必須訓練出光從建築的外觀就能一眼洞悉建築熱舒適性的能力。也許你無法代替開發商決定選擇哪一塊建築基地蓋房子，也無法參與建築師的設計過程，但當你具有判斷舒適的能力時，你就能在租屋或買房時選出一棟舒適的住宅。

　　以下將由外牆、玻璃、遮陽、通風四個小節，快速培養你對舒適的判別力，讓你能夠看建築外觀一眼，就秒懂它的熱舒適潛力到底如何。當然，良好的外殼設計並不能保證全年的熱舒適性都能符合使用者的需求，我們偶爾還是會需要開空調，如何明智地使用空調，開啟的時間短一點，強度弱一點，就用最後一個小節聊一聊。

　　畢竟，不論冷氣廣告再怎麼強調美感、健康、安靜、智慧又節能，電費還是得付的吧。

消暑涼方 07　房子要涼爽又要省電並不難，做好外牆、玻璃、遮陽、通風設計是四大關鍵，提前預約熱舒適，就能安心居住。

2-2
外牆：幫住宅挑一件
四季皆宜的衣服

每次出國旅行，考慮要帶哪些衣物，總是很困擾。行李箱空間狹小，可攜帶的衣物有限，若要接連前往兩個氣候截然不同的國家時，就更加難以取捨。

　　出國前一天，我照著行李清單[註1]逐一把物品放入行李箱。很快的，行李箱已達滿載變形的臨界點，但衣服還沒全部放進去。我陷入了選擇的困境，這次要先到捷克一周，再到越南幾天，捷克乾冷，越南熱溼，我即使看了兩地的天氣預報還是難以決定怎麼打包行李。最後索性把長袖、短袖、外加防雨保暖衣物全部帶上，出發前又塞了一把雨傘到背包，總有用得上的時候吧。

　　旅程中衣服換穿最頻繁的就是從住家往機場、搭機、落地出關這段。出門時穿短袖，搭機換長袖，領完行李立刻拿出厚外套穿上，所有型式的衣著都會穿過一輪，顯示我們對熱舒適多麼重視。

註1：我承認我有清單強迫症，想過沒寫下的事就會忘記，做事就照清單項目進行。出國時要放入行李箱的物品實在太多，有一次，上機前才想起筆電變壓器忘了帶，只好以昂貴價格在桃園機場購買。在那次之後就學乖了，做了一張A4清單，列出出發一周前、前一天、出國當天要放入行箱的物品名稱，洋洋灑灑一百多件，就萬無一失了。

讓戶外的熱量慢一點進入室內

建築的外牆就像人們穿的衣服，得好好選擇及設計才能全年舒適。不同的是，人們可以因應天氣**替換**合適的衣服，然而，建築物一生就**只有這層**外牆可以用來應付一年四季氣候的劇烈變化，不但要幫居住者抵禦風吹日晒雨淋，又得適時引入氣流，以確保室內的熱舒適及空氣品質。這也顯示了外牆設計的難度及挑戰，值得我們多花時間預作選擇及仔細設計。

一個物體中或兩個物體之間的熱量，會由較高溫處，傳遞到較低溫處，這就是「**熱傳導**」。舉例來說，如果在煮沸的火鍋裡放入一支金屬湯匙，高溫的熱湯會將熱量傳導到低溫的湯匙，緊接著，較高溫的湯匙前端會將熱量傳導到較低溫的後端握柄，而最後，湯匙的熱量傳導到你急著想舀一碗湯的手指，你就被燙到了！

在台灣，大多數時間，建築外牆要對付的是由戶外傳遞到室內的熱量。由於台灣夏季白天戶外氣溫通常比室內高，所以熱量會持續從戶外傳到室內。如果建築外牆能阻擋戶外高溫傳入室內，就能維持室內的低溫舒適。

不過，熱量沒辦法無中生有，也不會憑空消失，因此，我們無法真的**阻止**熱量從戶外傳入室內。但我們可

以讓它傳遞的**速度變慢**，同樣能達到維持室內低溫的效果。

　　一旦外牆的熱傳導速度變慢，牆體蓄積的熱量，就有更多機會**逃出**戶外，而不進入室內。當行進緩慢的熱量滯留在材料表面的時間拉長，就可以爭取時間，讓戶外氣流**趕快帶走**表面的熱量[註2]，這樣傳入室內的熱量就會少一些。

　　熱量走得慢還有一個好處，當夜間戶外氣溫降低，牆壁內部的熱量還沒抵達室內側時，會發現後方的溫度更低，就能馬上**調頭走回**戶外側，室內少了這些原本要進來的熱量，就會涼爽多了。

隔熱愈好，熱傳導愈慢，室內愈舒適

　　讓熱傳導速度**變慢**的關鍵，就是選擇隔熱性較好的材料。

　　舉例來說，在剛剛那個煮沸的火鍋內，我們再放入一支湯匙，但換成有塑膠握柄的。和全金屬的那支湯匙比起來，這支摸起來就比較不燙。因為塑膠的**隔熱性**很好，熱傳導的速度只有不鏽鋼材料的六分之一[註3]，這讓旁邊的空氣有時間來幫它散

註2：這就是牛頓冷卻定律，說明了熱對流的原理：當風速愈大，物體與風的溫差愈大時，散熱的效果愈好。

註3：隔熱的效果以熱傳導係數（K值，單位是W/(m·K)）來評估，數值愈小，代表熱傳導的速度愈慢，隔熱性愈好。其中不鏽鋼板的熱傳導係數是25，塑膠握柄的電木是3.7，故3.7/25=0.15，約1/6。

熱,帶走熱量。

另外,材料的**厚度**增加,也可以提高隔熱效果。就像在崎嶇難行的碎石路上走一小段也許還好,距離拉長就會消耗你愈多的體力。熱傳導也是一樣,當材料的厚度增加,隔熱的效果就愈好。如果把塑膠握柄的厚度增加,手握起來就更不燙了。

了解隔熱性及材料厚度這兩個關鍵因子,就能輕鬆地理解建築外牆如何改善室內的熱舒適性。為了兼顧承重、隔音、防水、美感,建築外牆常會由多種不同厚度、不同隔熱性的材料所**組合而成**,逐層評估熱傳導性,才能了解整體外牆的隔熱效果。

鐵皮屋是隔熱很差的構造型式。它的外牆及屋頂是由薄的鋼板構成,多是用在臨時性建築,或是頂樓加建使用。熱量在鋼板中移動速度極快,戶外的氣溫會很快傳到室內,如果沒有輔以額外的材料,會使得夏天很熱,冬天很冷[註4]。

混凝土的外牆是台灣最典型的構造,算是中等的隔熱構造。如果增加了外牆的隔熱材料,例如高密度的保麗龍板、石膏板,就能再減緩熱量行進的速度。

靜止的空氣層則是最好的隔熱。原理就像我們穿羽絨衣一樣,羽絨之間有空氣做為阻隔,可以讓體內的熱

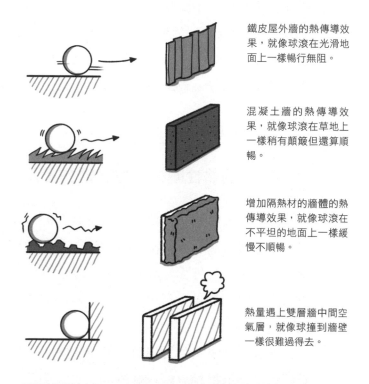

鐵皮屋外牆的熱傳導效果，就像球滾在光滑地面上一樣暢行無阻。

混凝土牆的熱傳導效果，就像球滾在草地上一樣稍有顛簸但還算順暢。

增加隔熱材的牆體的熱傳導效果，就像球滾在不平坦的地面上一樣緩慢不順暢。

熱量遇上雙層牆中間空氣層，就像球撞到牆壁一樣很難過得去。

材料的隔熱性愈好，厚度愈大，可以讓熱量傳遞的速度愈慢。
這四組圖愈往下代表傳熱的速度愈慢，隔熱性愈好。

註4：建築外牆材料是由多種不同厚度的材料組成，中間也可能還有空氣層，所以隔熱性需以「熱傳透率」U值（單位為$W/(m^2 \cdot K)$）來評估，數值愈小，代表隔熱性愈好。與註3的熱傳導係數相比，熱傳透率是把多種材料厚度、內部空氣層也考量進去。台灣的鋼筋混凝土建築物外牆普遍是由磁磚、15公分混凝土、內外兩層水泥沙漿所組成，U值約3.5。而鐵皮屋外牆如果沒有加其它隔熱材的話，U值約6.7左右，隔熱效果大概只有混凝土牆的一半。

氣不容易流出；保溫瓶外殼中間也會抽成真空，減少熱量的傳遞。在建築外牆中，也有充分利用空氣層來增加隔熱效果的做法，例如雙層外牆中間的中空層，雙層玻璃之間抽成真空，或是頂層安裝天花板，都能創造空氣隔熱的效果。

隔熱性剛好就好，過猶不及

有一年我曾受邀去參加一個由歐洲國家在台灣經貿辦事處主辦的氣候及能源會議，他們主張台灣在建築法令中對於屋頂、外牆、玻璃的隔熱性能要求不夠，建議應該提高隔熱等級，選用隔熱性非常好的材料，以減少能源的消耗。

該國的辦事處會提出這項策略，除了環保愛地球，當然也是順道推銷該國較好的隔熱材及窗戶，擴大在台灣的市場。然而，不一樣的氣候區，應該對外牆隔熱性有不同的思考。

當材料兩側的溫差愈大時，提高材料隔熱性，愈能發揮其隔熱效果。如前所述，熱量會由較高溫處傳遞到較低溫處，兩者的溫差愈大，通過的熱量愈多，隔熱就愈有效。例如保溫瓶內部裝的是100℃的沸水，室內氣溫

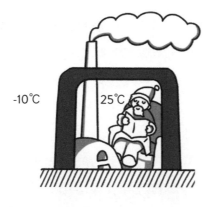

-10℃　　25℃

寒帶要加強隔熱保溫

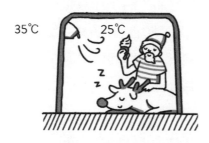

35℃　　25℃

熱帶只要一般隔熱就行

熱帶隔熱太好反而是災難

只有在室內外溫差大、著重保溫的寒帶國家，做超高隔熱性的外牆設計才有意義（上）；而室內外溫差小、著重散熱的熱帶國家，只需一般隔熱就好（中）；熱帶國家如果學寒帶國家做超高隔熱性的外牆，反而適得其反，室內無法散熱，導致室內高溫（下）。

若是25℃，兩者溫差75℃，保溫瓶的隔熱就很重要，需抽成真空來確保外層的隔熱性。

超高隔熱性[註5]的外殼設計方式，只適合寒冷氣候區，不適合在炎熱的台灣使用。

寒帶國家戶外氣溫動輒下降到零下十幾℃，室內若吹暖氣維持在25℃，戶外與室內的溫差極大，約有30℃以上。此時建築外殼的設計要像冰箱一樣，保溫效果要很好，只是兩者的目的不同：冰箱是要防止外面熱量進來，寒帶的房子則是要防止室內的熱量出去。

但在台灣，夏天一般高溫大概35℃，若室內吹冷氣維持在25℃，溫差只有10℃左右，會藉由熱傳導方式從外牆進入室內的熱量其實不多。台灣研究指出，當外牆隔熱性過度提升時，全年的室內舒適性並沒有提升多少，對於空調的耗電影響也不大。使用更厚的材料不只增加花費，也意味著資源消耗及碳排放的增加。

在炎熱氣候區，如果採用超高隔熱性的外牆，對室內熱舒適會有反效果。外牆隔熱太好的建築物，就像是

註5：在台灣建築法令及慣用營建材料下，屋頂熱傳透率（U值）約為0.8-1.2，外牆約為1-3.5，玻璃約為3-6之間。這裡所指的超高隔熱性材料，是它的U值比上述的最低值還小一半——例如德國《節約能源法》（EnEv）中規定屋頂U值為0.25、外牆U值0.45、玻璃U值1.5，幾乎都是台灣常用材料U值的一半以下，隔熱性能非常好。

人們在夏天仍穿著羽絨衣一樣，因為室內會有電器及人體產生的熱量，氣溫會比戶外的氣溫還高，熱量原本要從室內傳導到戶外，但隔熱性太好的外牆反而會阻擋熱量的排出，而導致內部高溫蓄熱，這個現象會在春秋兩季以及夏季清晨特別明顯。

隔熱怎麼做？
請從居住的樓層和窗戶面積比例來考慮

如何選擇一棟隔熱良好的建築物呢？要先看你住在哪裡，以及建築物外牆窗戶的面積比例。

如果你住在頂樓，那屋頂的隔熱對你非常重要。因為屋頂被太陽直射，最多的熱量會從這裡來。請你看看上層屋頂處是否有遮蔽物？如果有棚架之類的遮蔽物，遮蔽物下方的空氣層將有助於隔熱，產生的陰影也有助於降低屋頂面的表面溫度。如果沒有遮蔽物的話，屋頂花園、較厚的地磚、空心磚等，都有助於隔熱。另外，如果有天花板裝修，增加的空氣層能夠阻隔由屋頂傳下來的熱量，也有助於室內舒適性。

如果是在其它的樓層，那麼就要看你窗戶占外牆的面積比例。如果窗戶面積很大，例如占外牆面積的一半以上，外牆隔熱性的好壞就不太重要了，因為大部分的熱量是由太陽日射以**熱輻射**的方式透過玻璃帶進來，加強窗戶的遮陽才是王道，如

果你經費充裕，選擇能隔絕輻射的玻璃也是個不錯的選項，下一節我們有更詳細的說明。

如果窗戶面積占外牆面積的40%以下，只要是混凝土或磚、石構造的外牆，大致都能符合台灣建築法規對於基本隔熱的要求，要留意的是，如果外牆是金屬或輕薄的塑料板材，就必須增加隔熱材料來輔助，通常你從室內側就可以看到牆面上有沒有額外加裝隔熱材了。

消暑涼方 08 台灣室內外溫差小，外牆只要別用鐵皮或大面玻璃，普通隔熱就很足夠。如果住在頂樓，上方有棚架最有利於隔熱。

2-3
玻璃：被屋主控告的現代主義大師

「我決定要把這個真相說出。」女醫師范斯沃斯
（Edith Farnsworth）說，「……在這座四面都是玻璃的
住宅中，我感覺自己就像是一隻徘徊的動物，全天都得
處於警戒狀態，無法放鬆……任何家具的擺放都會成為
問題，因為整個住宅就是透明的，就像一直處在X光下一
樣。」

這段話節錄自1953年美國《美麗住宅》（House
Beautiful）雜誌4月及5月刊出的兩篇文章，范斯沃斯向記
者表示，她對這棟花了她超過七萬美金在芝加哥興建的
自宅非常不滿，也已寫好訴狀準備控告她委託的德國建
築師密斯‧凡德羅（Mies van der Rohe）——史上最著名
的現代主義建築大師。

在當年這是一場在建築師、屋主、雜誌主編之間引
爆的建築論述之戰，轟動一時，還摻雜了一些關於建築
師及女屋主戀情破局的八卦。

若在網路上查詢范斯沃斯之家（Farnsworth
House），映入眼簾的建築物會是一棟輕巧簡潔的白色
鋼構玻璃屋。這棟房子的牆壁幾乎都是大面積的透明玻
璃，細細的柱子和抬高的地板，彷彿漂浮在河畔的綠地
上，被譽為現代主義建築的典範。時至今日，每年有許
多旅客專程到此處造訪，樂高為它打造的縮小版積木也

一直炙手可熱。

　　然而，如果你花了大錢委託設計，卻得到一棟毫無隱私難以居住的透明玻璃屋，大概就能理解為什麼屋主會氣憤到狀告建築師，以及《美麗住宅》雜誌主編高登（Elizabeth Gordon）當年會以這篇標題聳動的〈對下一個美國的威脅〉（The Threat to the Next America）文章來警告讀者這些不舒適且不宜居住的玻璃建築，恐將以文化專制的姿態席捲美國。這個論點也讓萊特（Frank Lloyd Wright）這位設計出堪稱美國建築史上最偉大作品「落水山莊」（Fallingwater）的建築師，特別致信給主編表達高度的認同。

大片玻璃的起點是技術突破，終點是能源消耗

　　這個關於玻璃在美學、隱私、舒適的衝突，並非單一事件，至今類似的爭辯仍然一再發生。要看透玻璃，我們得回到源頭，看大面積玻璃是如何開啟工藝的創新，使用在建築的溫室之中，又如何跨界應用到所有類型的建築物，席捲至炎熱地區，而引發嚴重的能源問題。

　　早期的玻璃受限於技術，又厚又小，只能鑲嵌在建築物的小型開口。「中世紀**歌德式建築**的興起，是大面積玻璃發展的第一個契機。」教授西洋建築史的成功大學建築學系黃恩

宇老師說，「它將原本用來承重的厚實牆體，轉化為輕巧的拱肋，解放了原本的牆面，就能裝設更大面積的玻璃。」而隨著大面積平板玻璃製作技術不斷提升，人們發現玻璃具有保溫良好的特性，因而將它應用在溫室的外殼上。

溫室建築的登峰之作，是1851年在英國倫敦興建的「水晶宮」。這棟結合鋼鐵與玻璃極致工藝的巨大溫室，是為了辦理首次的萬國博覽會而興建，在海德公園由維多利亞女王揭幕，使全球**驚呼連連**。陽光進入溫室後持續加熱內部，氣溫上升，讓許多原本只在熱帶生長的棕櫚樹及花朵，能夠在溫帶寒冷國度的溫室內恣意地伸展及綻放。

「萊頓大學的植物園裡有著荷蘭境內最古老的一座溫室。裡面不只有各類熱帶植物，其中一個新建的溫室還得買票進入，而且裡面還**賣咖啡**呢！」黃老師就是在萊頓大學攻讀博士學位的，依照他的觀察，「冬天時溫室裡很溫暖，參觀和喝咖啡的人很多，但是一到夏天荷蘭氣溫也高，就**沒什麼人**到裡面去了。」

人們不甘於只將大面積玻璃應用在溫室，開始把腦筋動到其它空間——不是給植栽生存，而是供人類使用。「在工業革命後，**現代主義**的興起[註1]，是大面玻璃

發展的第二個契機。」黃老師說，「它不僅帶來新材料的技術突破，也是一種新的空間體驗，寬敞又明亮。」

高層大樓也開始使用大面積的玻璃，內部高溫蓄熱的問題也隨之產生。1952年完工的聯合國祕書處大樓，是當時第一棟使用玻璃帷幕的摩天大樓。即使它是當時全球目光的焦點，但負責設計低層棟的現代主義大師柯比意（Le Corbusier），仍不客氣地批評聯合國祕書處大樓「是一棟全面玻璃且毫無遮陽的建築，非常**不適合**紐約夏季的天氣。」

各類型建築外殼大量使用玻璃的風潮，就此揭開序幕。從機場、車站、會展中心、市政中心，甚至連原本應該要能自然通風的住宅，也出現大面積且密閉式的落地玻璃。

這股風潮更進一步從寒帶及溫帶地區，席捲至炎熱地區。在寒冷地區，玻璃建築外殼尚具有室內保溫的效果，能夠減少暖氣的用電消耗以維持熱舒適性。然而，炎熱氣候國家模仿溫帶國家興建大面積玻璃建築物的後果，就是為了維持室內的熱舒適性，只能**耗費電力**啟動空調來付出代價。

註1：現代主義建築強調簡潔的幾何造型，沒有裝飾，強調少即是多（less is more），並多以鋼構、玻璃、混凝土材料呈現。如密斯・凡德羅在1929年設計的巴塞隆納德國館就是重要的代表作，成功大學舊總圖書館也因其現代主義／國際式樣的外型，被列為台南市歷史建築。

玻璃很有吸引力，但面積不需要太大

　　人們雖知道玻璃這種保溫材料並不適合使用於住宅與商業空間，特別是在較炎熱的地區，那為什麼大面積使用玻璃的風潮從1950年代起就引領風騷，更擴及世界各地，至今一直沒有間斷過呢？

　　大面積的透明玻璃建築，彷彿傳達出像精品般無瑕的**美感**，滿足外面的人窺視內部的**好奇心**，也讓裡面的人能看到戶外的景緻。人們喜愛透明的物體，透明的電梯、手錶背蓋、電腦機殼、雨傘、背包，甚至連透明的奶茶和咖啡都有。而建築的透明感就更吸引人了，商場及車站的玻璃讓戶外的人可以看到內部熱絡的活動，辦公室及住宅裡的人透過玻璃好像離戶外風景更近一些。

　　玻璃確實有使用上的需求，但對於辦公室及住宅這類私領域的空間，為了能兼顧使用者的隱私性，有必要探索到底需要多大的玻璃面積，才能達到人們在視野上基本的滿足。

　　韓國延世大學研究團隊針對這個問題以科學的方法提出了解答。他們在實際及虛擬的空間中，設定幾種不同的**開窗率**（窗戶面積占外牆面積的百分比），分別為15%、30%、45%及60%。接著，以問卷詢問50個受測者

對於視覺舒適、空間感、開放度、隱私性的滿意度。研究結果發現，當開窗率從15%增加到30%時，滿意度提升的幅度很大，然而，一旦開窗率超過30%，不僅整體滿意度提升的幅度趨緩，也造成隱私性的滿意度急遽下降——也就是使用者有被窺視且不自在的感受。

30%的開窗率大概是什麼狀況呢？以一般住宅的情況來說，室內高度大約3公尺，窗戶高度大約1.8公尺，窗戶的寬度只需要開到房間外牆長度的一半，就足以讓我們在視野上達到滿意，也能確保隱私性。

使用好玻璃的代價高

「那就用好一點的隔熱玻璃，這樣不就能設置大面積的玻璃窗了嗎？」有一次上課時我被這麼問到。

試想一下，你在大太陽下，需要的應該不是一件隔熱良好的衣服，而是一支陽傘來阻擋強烈的太陽輻射。同樣的，身處熱帶地區，坐在玻璃窗邊的你，使用隔熱良好的玻璃無濟於事，你需要的是能阻擋太陽輻射的玻璃。

玻璃的材質要依氣候型態來選擇。室內外溫差大的溫帶國家要**加強隔熱**，防止室內的熱量散失；室內外溫差小的熱帶國家要**阻擋輻射**，避免太陽的熱量進入室內。

低輻射玻璃（Low-Emissivity glass，簡稱Low-E玻璃），即是能有效阻擋太陽輻射的玻璃。具完整功能的Low-E玻璃有三個特色，首先是至少由兩片玻璃組成，其次是中間夾有不對流的空氣層或是惰性氣體，以提高隔熱能力。最重要的關鍵是鍍膜層，在台灣通常是在外層玻璃的內側，用來反射太陽光中的紅外線。最好的鍍膜層是能阻絕具有熱量的紅外線（波長大於780nm），但是讓可見光（波長介於380-780nm）得以通過，進到室內的光線自然，而且引入的熱量較少。

「不過，如果建築外牆的窗戶採用低輻射玻璃，價格會十分昂貴！」大學好友跟我分享位於台北市蛋黃區豪宅的窗戶做法及價格。「玻璃貴倒還是其次，加厚的玻璃及空氣層會使鋁門窗框、五金材料、施工費用都增加。」一般而言，外牆如果使用等級較好的Low-E玻璃，其單位面積的金額幾乎是一般清玻璃窗戶的三倍[註2]以上，所費不貲。

註2：一般清玻璃窗戶是以8mm「單片強化玻璃」加上一般鋁窗材料五金估算，一才（30公分 x 30公分）約430元（玻璃80元+鋁框350元）；等級較好的Low-E玻璃含兩層8mm玻璃加鍍膜、中間夾有6mm空氣層，並加上較高等級的鋁窗材料五金估算，一才約1380元（玻璃320元+鋁框1060元）。大學好友說，要蓋豪宅的建商是不在乎這點小錢的，但一般住宅可不會用這麼好的材料。

至於裝在室內側的**窗簾**，請別奢望它能帶來多好的隔熱效果。因為當太陽熱量透過玻璃進到室內時，即使內側有窗簾阻隔，窗簾及玻璃之間的空氣溫度會持續上升，又因為窗簾的熱傳導率高、材料薄，這些熱量很快會透過傳導的方式傳到室內。因此，窗簾充其量僅可保護隱私，**暫時**阻擋強烈日射，但對於長時間的熱輻射及熱傳導的阻絕效果並不大。

檢視你在住宅中對視野的需求

我常路過一個住家附近的公園，周圍高樓林立。有一棟住宅大樓外牆使用大面積玻璃，好幾層住戶終年窗簾緊閉，看不到景觀，不見天日。

你對於住家窗外視野的要求多高呢？你是想要全部落地窗，讓360度的戶外景緻盡收眼底；還是只要一扇適中的窗戶，讓風景像畫作一般供你細細品嘗？在白天時你會開啟窗簾看窗外，還是大部分時間你會為了隱私而緊閉窗簾呢？

視野及隱私若是在天平的兩端，你可以試著了解自己是位在中央，還是偏向其中一側。如果你的態度介於兩者之間，或略偏向**隱私**，那你應該選擇開窗率適中（20%就已足夠）的住宅，確保良好的採光及通風，未來在室內空調的使用也不會付出高昂的代價。

如果你重視**視野**多於隱私，想住在公園第一排，窗簾常保開啟，隨時眺望窗外景緻，那大面積的玻璃也許是你的一個選項。而為了確保室內的舒適，需使用好一點的玻璃來阻隔高溫及輻射。

那麼，還有沒有其它的方法，既不用昂貴的玻璃，又能阻擋太陽的輻射進入室內呢？這個解方並不在玻璃上，在下一節我們會探索，要如何依照太陽的方位及角度，來精準地解決日射進到室內的問題。

附帶一提，如果你想要好一點的景觀視野，又不想負擔大面開窗所須付出的能源成本，直接走到戶外或許也是個不錯的選項。

消暑涼方 09　別住大面積玻璃住宅！不但耗能又不舒適，還得終年拉下窗簾確保隱私。適宜面積的玻璃不僅舒適，也能達到基本視野需求。

2-4
遮陽：
陽光來自國境之南

我太太一向皮膚不晒日、陽傘不離身，似與太陽有不共戴天之仇。車上和手提包內隨時都要有幾把陽傘，走在無遮蔽的路上當然要一路撐傘，走騎樓遇到不到三五步路寬的巷口，也絕不會忘記用傘擋一下。她精準地從手提包中拿出陽傘並快速開啟，甩向日射來處的連續動作，就像西部電影中牛仔拔槍對決般驚心動魄。

開車時是她唯一無法撐傘的時機，她特別不喜歡早上開車沿高速公路南下和下午北返的行程，這讓早上東邊和下午西邊低角度的陽光不偏不移地從**左駕**的玻璃窗晒入，只得將車內的遮陽板移到側窗擋住太陽。車子進到市區就更忙碌了，因為開車的方向一直改變，得不時將遮陽板在側窗和前擋玻璃之間切換。

有個冬天的中午，家裡**面南**的客廳陽光晒進來，她走過去拉下窗簾，「怎麼夏天晒不進來，但冬天就晒得進來？」她問我，「開車南下好像也一樣，大中午的太陽不是應該在頭頂正上方嗎？為什麼冬天中午日射會從前擋玻璃進來呢？」

太陽很老實，早就告訴你它全年的攻擊路徑

想阻擋進入室內的日射？首先我們可以從人們走

路、開車的行徑中觀察人們是怎麼與陽光互動，怎麼阻擋日晒。

行進的方向愈一致，就愈容易因應日射進行調整。在街道中行走穿梭時，因為行進方向一直在**改變**，你就只能隨時觀察日射來向，不斷地調整陽傘角度。同樣的，如果是開車行進在一條筆直道路上，例如高速公路，就可以把車內遮陽板固定在一個特定方向，來阻擋惱人的日射。

同樣的道理，由於建築物方位是**固定**的，如果我們能了解太陽在天空的移動路徑，就可以精確地知道日射會在什麼時間、透過哪一片玻璃進入到室內，也就能在建築設計階段提早因應及調整。

太陽在天空的移動路徑早已不是個謎，人類很早就已經能夠精準預測每個地點的太陽軌跡。早在西元前3500年前，古埃及就用高聳的方尖碑陰影來預測時間，西元7世紀後，歐洲修道院普遍設有的「日晷」，就是藉由一片金屬投影在圓盤上的陰影位置，來推算禮拜時間。

現今我們能掌握地球上每個地點全年的太陽軌跡。你只要選定一個地點，決定一個日期及時間，很多工具都可以輕易查詢到太陽在哪個方向，以及在地平面上多高的位置[註1]。下頁圖就是以北回歸線為參考點[註2]所繪製的**太陽軌跡**立體圖，可以看到四季太陽的大致路徑。

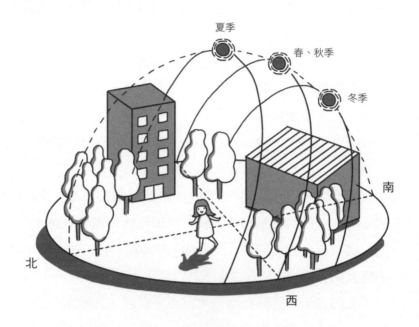

夏季

春、秋季

冬季

南

北

西

太陽很老實，早就告訴你它全年的攻擊路徑。我們得先掌握它的軌跡，
來決定遮陽形式，不要隨機碰運氣。

註1： 太陽的方位角代表太陽的光線從哪個水平方位進來，從0度到360度，以朝
　　　北為0度，東為90度，以順時針方向類推。太陽的高度角（仰角）代表太
　　　陽位於多高的位置，0度代表太陽很接近地平線（如日出或日落的時候），
　　　90度代表太陽在你仰頭看到正上方天頂的位置。

註2： 北回歸線為北緯23.5度，經過如嘉義縣水上鄉、花蓮縣瑞穗鄉舞鶴等處。
　　　上圖雖是以北回歸線繪製，但全台灣每個地點的太陽軌跡其實都和這張圖
　　　差不多，愈往北處，軌跡會往南移動一些。

夏至時，太陽從東偏北的地方升起，由西偏北的地方落下，中午時太陽會到正天頂—即太陽仰角為90度，那一天在北回歸線上真的可以立竿不見影。

春秋天時，太陽的路徑會往南偏，由正東升起，正西落下，中午時太陽在南向，仰角會比夏天低一些，約67度。

冬天時，幾乎整個路徑都在南向，中午時仰角更低，約43度。

總而言之，除了太陽早上在東向，中午在南向，下午在西向之外，我們更進一步知道，愈冷的季節太陽**愈往南移動**，且**仰角愈低**。如果只看南向中午時間的太陽角度，會明顯看出四季的不同。這也說明了冬天因為仰角較小，太陽容易曬進南向的車窗、客廳窗戶的原因。

依照太陽的方位角及高度角設置遮陽

既然我們能精準預測太陽軌跡，在建築物不同方位的玻璃面上，就該依照太陽的高度角設計適合的遮陽，來阻擋日射的進入。

朝北的窗戶，**無需**特別設置遮陽，因為幾乎沒有直達日射。在台灣，全年只有在夏至日前後的早上及下午會出現北向日射，其它大部分的時段，北向開窗幾乎沒有日射會曬進來，

可取得溫和且均勻的日光。不過要注意北向常在冬季時有強風吹入，需留意窗戶的氣密性。

朝南的窗戶，適合設置**水平遮陽**或利用**屋簷**，來阻擋來自天頂的高角度日射。設置水平遮陽，就像是在窗戶前高舉著盾牌，擋住來自**高空**的日射攻擊。一般而言，50公分內的水平遮陽深度已相當足夠，既可以阻擋熱季（如春、夏、秋）時較高角度的日射，也可以使冬天時較低角度的溫暖日射能夠進入室內。

朝東／朝西的窗戶，應該以略微朝東南／西南方向阻擋的**垂直遮陽**，或是下垂式的**百葉**，來阻擋低角度日射。在熱季時，朝東的窗戶主要會受上午9點至11點來自東至東南向的日射，朝西的窗戶主要會受下午1點至3點來自西南至西向的直射，由於這個時段的太陽位置低，設置垂直遮陽就像是在窗戶前平舉著盾牌，擋住來自**低空**的日射攻擊。朝東南／西南的遮陽還能引入來自東北／西北向的柔和自然光線，可以減少直接日射進入窗戶的熱量。

不管是什麼方位，**格子遮陽**都是萬無一失的策略，也就是同時有水平及垂直的遮陽構件，或是將窗戶的玻璃設置位置往室內再退縮一些，也可以造成格子型遮陽板的效果，對於來自低角度及高角度的日射都能有良好

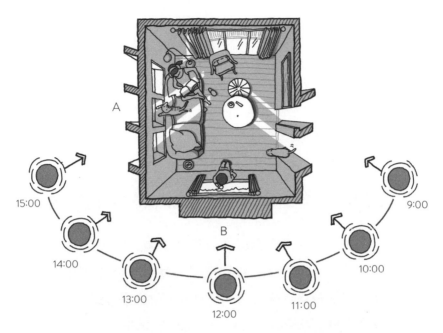

15:00

14:00

13:00

12:00

11:00

10:00

9:00

A

B

台南一處住宅，從春天早上 9 點到下午 3 點的太陽軌跡。

A

西向以垂直遮陽阻擋低角度的日射。
（台南春天下午 2 點，太陽方位角 234 度）

B

南向以水平遮陽阻擋高角度的日射。
（台南春天中午 12 點，太陽仰角 67 度）

121

的遮蔽效果。

目前也有許多以金屬擴張網、沖孔板、格柵、複合材料製作的遮陽設施，像是建築物擁有雙層外牆（double skin）一樣，不僅能阻擋陽光，還可以讓建築的外觀更有造型及趣味。

遮陽不只舒適還可節能，亞熱帶都有重點管制

在台灣的研究指出，分析外遮陽對於空調的節能效益可發現，具有外遮陽的空間，會比沒有外遮陽的空間減少12%的空調耗電量。由此可見，遮陽對於室內舒適度的維持，及空調用電減少有明確的效果。

遮陽為什麼能有節能效果呢？

首先，是遮陽能阻擋日射，減少**熱輻射**的能量。室內的百葉窗簾僅可擋住17%的日射，但南向1公尺高的窗戶，若配合1公尺深的水平外遮陽，就可阻擋68%的日射，外遮陽的效果明顯可見。

其次，是遮陽能降低**表面溫度**，減少熱傳導的能量。一個以金屬擴張網為外遮陽的研究顯示，陰影處的牆面表面溫度，比日晒處低了6.6℃，顯示會有較少的熱量經由傳導的方式傳到室內側。

溫帶寒冷的歐洲常以隔熱為重點，在節能法令上首重材料的隔熱性。而亞熱帶的國家，如新加坡、馬來西亞，則將遮陽列入最重要的管制。台灣的外殼耗能計算，也以「遮陽優先、隔熱其次」為法令管制的方向，近年來，完全無設置遮陽的帷幕玻璃大樓數量大幅降低，顯示基於舒適及節能所頒布的法令，有助於塑造更適合在地氣候的建築風格。

想快速評估開窗與遮陽的成效，只需要一個指北針

　　建築能源的模擬評估相當複雜，一般人選擇住宅時，很難判斷建築未來是否舒適及節能，然而，只要能掌握太陽路徑與這棟建築物開口部的關聯，大概就能掌握七成以上的特性。

　　首先，你得先知道**北向在哪裡**。你不需跑到書局去買指北針，通常手機有內建，或是有APP能方便下載安裝。

　　請你先了解在你自家格局中，位在東側與西側的各是什麼空間？如果是不需要開冷氣的空間，像是廁所、儲藏室、廚房、樓梯間等，可以多開窗戶，沒有遮陽也無妨，因為即使日射進到室內，也沒有開冷氣耗電的問題。

　　如果東側與西側是會需要開啟冷氣的空間，先看看東西兩側的牆壁是否緊接著鄰房，或是鄰棟建築較高。在這兩種狀況下，太陽不太有機會由東西側的玻璃進到室內，遮陽的需求

不大。如果這兩側沒有建築物遮擋,那開窗的面積應在
30%以下,而且應該要有垂直的遮陽。

南向可以比東西向的開窗面積再大一些,只要配合
使用水平遮陽,就能夠完美阻擋夏天高角度的日射,冬
天的時候也有溫暖的陽光進來。

如果你發現室內需開冷氣的空間中,有大面積窗
戶,而沒有足夠深度的遮陽,那只能去選個遮光率較好
的窗簾,或是貼隔熱膜,雖然不比外遮陽好,但至少可
以抵擋部分的直達日射。

嘗試用上述的方式,先診斷一下住家的開窗及遮
陽,也許你會有不同的體驗。

消暑
涼方 10
遮陽最能有效阻絕日射。東西向窗戶要搭配垂直遮
陽,南向則採水平遮陽,北向光線溫和不直射,可以
多多開窗。

2-5
通風：
教室內滿地的落葉

幾年前看到一則新聞，有幾位國中生在教室裡為了搶吹一台立式的電風扇而扭打起來。回想我讀國中時，教室連電風扇都沒有的狀況，倒是很能理解上課或午休時悶熱無風是多麼難受。

當時就讀的國中離家很近，我常是班上第一個到校的學生，所以要負責到總務處拿教室鑰匙開門。這間教室東側是走廊，走廊外是一個種滿樹木的中庭；西側的外牆則緊臨著空曠的操場。

一個炎熱的夏日，走進教室就像進入烤爐一般熱烘烘的，不只是室內的氣溫高，連桌椅牆壁的表面溫度都高。大概是前一天下午的西晒讓教室持續加溫，下課後門窗又緊閉，使室內的熱量一直蓄積到隔天早上。

我先打開了走廊側的一整排窗，教室裡半點動靜都沒有，一絲風都沒吹進來。然後，我走向靠操場的那一邊，打開最前面的一扇窗戶，剎那間一陣強風從走廊邊的窗戶灌進來，捲起前排桌上的紙張，從唯一打開的這扇窗呼嘯而出。

我一邊撿起地上散落的紙張，一邊把操場側的其它窗戶都打開，這時風才穩定地從中庭緩緩流進教室。氣流通過了牆壁和桌椅帶走了表面的熱量，室內的氣溫也降低了不少。

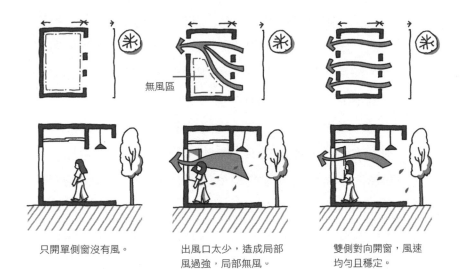

只開單側窗沒有風。

出風口太少，造成局部
風過強，局部無風。

雙側對向開窗，風速
均勻且穩定。

無風區

通風：能提高室內舒適品質的自然策略

在前面的章節中，我們談到如何透過加強外牆隔熱、減
少玻璃面積及增加窗戶遮陽，來減少戶外傳到室內的熱量。
不過，這些方法對室內的熱舒適都只算能是消極地**避免惡化**而
已，唯有通風這個方法，才能真正做到**提高品質**。

為什麼通風能夠提高品質？不妨再回想一下前述教室的
例子，我們居住的空間在追求良好的通風下，可以達到什麼目
的？

通風的首要目的是**降溫**，涼風能帶走室內熱量。

在一個夏日的清晨五點，我起床後走進書房，當時門窗緊閉，桌上溫度計顯示為29.1℃，十分悶熱。我打開了窗戶，把溫度計放到外側窗台上，顯示為27.3℃。也就是說，當時室內氣溫，比戶外高了1.8℃左右。

「夏天的時候，白天太陽的熱量一直從牆面及窗戶進到室內，人體及家電設備也會發熱，室內會逐漸蓄積熱量。」長期研究室內自然通風及人體熱舒適性的黃瑞隆老師告訴我。他在頂尖國際期刊中發表了最多的台灣室內熱舒適研究成果，也是啟發我進入這個研究領域的關鍵人物。

「室內比戶外高出1.8℃還算是一般狀況，」他接著說，「有些空間如辦公室、商場在白天蓄熱量極高，若窗戶緊閉又不開空調，室內會比戶外高出2-4℃左右。」

如果有良好的通風，進入室內的涼風可以使牆面、家具的表面溫度降低，並將室內熱空氣排出，降低空氣溫度。特別是在夏天清晨5點多的時候，開窗的降溫效果最好，因為這個時段通常是台灣西部城市夏季一日當中，戶外氣溫較低的時候，流進室內的涼爽空氣能有效幫室內降溫。

通風的第二個目的，是**舒適**。

人體皮膚表面上只要有微風掠過，就能加快汗液的

蒸發，有助於身體散熱，提升人們對熱舒適性的感受。

如果空間中的風速能達到每秒0.5公尺，對於人體熱舒適來說，這相當於室內降溫1.7℃的效果；若能達到每秒1公尺，則相當於降溫2.9℃的效果[註1]。

每秒0.5公尺是微弱的風速，只要打開窗戶，因溫差而自然流進室內的風就能輕易達成；每秒1公尺的風速，大概是距離你2公尺的電風扇，以最小等級的弱風向你吹的速度。如果以剛剛書房的例子，吹進室內的自然風可以把我的體感溫度從27.3℃降至25.6℃，如果再加上電風扇，體感溫度就可降至24.4℃了[註2]！

國際知名的建築氣候大師Givoni[註3]透過問卷調查發現，當風速增加時，使用者主觀上也會覺得更「舒適」。他在香港進

註1：這是由美國冷凍空調協會（ASHRAE）Standard 55標準換算。它是以一個身穿短袖輕薄上衣且靜坐狀態的人為基準，並以皮膚的熱損失水準相同（即體感溫度相同）的條件下，換算出當室內風速多大時，能夠抵減幾度的降溫效果。

註2：原本未開窗的室內十分悶熱，空氣溫度達到29.1℃，在我開啟窗戶後產生散熱效果，一會兒空氣溫度降到27.3℃。這時，窗外自然緩速每秒0.5公尺的微風吹到我身上，我的體感溫度從 27.3℃降至 25.6℃，我又開了電風扇，體感溫度就可以降到比空氣溫度低2.9℃的24.4℃。

註3：加州大學洛杉磯分校Baruch Givoni教授（1920-2019）是國際知名的建築氣候學大師，他在1970年代寫的*Man, climate, and architecture*堪稱這個領域的啟蒙著作，他提出易理解的生物氣候標準圖，也鼓勵了我致力於將熱舒適理論變得簡明易用。有次在一個國際研討會中，他聽完我在台灣進行的熱舒適研究，結束後還特地前來了解一些台灣人對於氣候特徵的喜好細節，並鼓勵我將這些科學資訊轉化為空間設計者易於了解及應用的知識。

行300人次的實驗室內調查，當室內氣溫27℃，無風（風速小於每秒0.2公尺）時，大部分的人仍覺得「微熱」，但是當風速達到每秒0.8公尺時，大部分的人就覺得「舒適」。也就是說，氣流對於人體在理論及實際上都有降溫的效果。

通風還有個附加價值，就是確保室內空氣品質。

「室內潮溼會有黴菌產生，裝修及家具也可能會釋放微量甲醛及揮發性有機化合物[註4]，人體代謝及流汗也會滋生細菌。」長期研究室內空氣品質的成功大學建築學系蔡耀賢老師告訴我，「開窗讓新鮮空氣進到室內，可以提高室內的換氣次數[註5]。」

「如果戶外空氣品質不好，那開窗通風室內豈不是更糟？」大部分的人大概都會這麼擔心。

「台灣夏天時吹西南風，對流條件很好，還常常降

註4：室內的揮發性有機化合物（VOC）包含苯、四氯化碳、三氯甲烷等化合物，環保署針對其中12種化合物的濃度進行管制，以確保室內空氣品質。室內的裝潢、油漆、電器、地毯……都可能含有VOC，烹調、吸菸時也都會產生，揮發物質濃度超標時可能產生頭痛、過敏、氣喘，甚至有致癌風險。目前台灣有綠建材標章，來幫民眾把關室內居住的健康。

註5：換氣次數代表了一個小時內，室內的舊空氣被完整地「置換更新」了幾次。如果換氣次數是2，代表1個小時被更新了2次。一般建議居住空間的換氣次數至少要達0.5，如果是醫療類的空間，則有更高的要求。例如一般簡易手術空間至少2次以上，具有汙染傳染性的手術空間則要12次以上。

雨，這使得西半部空氣品質較好。」長期研究空氣汙染的中央大學大氣科學學系鄭芳怡老師告訴我，「但是到了秋冬10月至隔年3月時，由於盛行風主要受東北季風影響，中南部地區位於中央山脈的背風側，擴散條件不佳，風變得很弱，空氣品質通常較差。」

由此看來，台灣夏天時的空氣品質其實都還不錯。「夏天更需要開窗通風來提高室內空氣品質。」蔡老師也說，「如果夏天時窗戶緊密，室內的高溫會加速甲醛及揮發性有機物的逸散，室內的空氣品質反而會比戶外差，人體健康的風險也會隨之增加。」

風從哪裡來

既然通風有這麼多優點，究竟風是如何吹入室內，達到降溫、舒適、換氣的效果？在建築設計上，又該如何因應呢？

建築物的室內通風，主要有兩種方式。

第一種是依靠戶外自然風力吹進室內的風，前述的教室通風就是這種方式。就像是中庭放了一台由自然界驅動的大型風扇，讓風由走廊側的窗戶進入，由操場側的窗戶出去，我們稱之為**風力通風**。

要做好風力通風設計的關鍵，就是要「開對窗戶，有進有

出」。**開對窗戶**就是要朝向建築物所在位置長年風來的方向;**有進有出**就是要留設出風口,這樣風才有機會從入風口進來。就像那間教室,如果只開啟走廊側入風口的窗戶,關閉操場側出風口的窗戶,風是很難吹進室內的。

不過,如果建築物四周平靜無風,又要如何讓室內產生氣流呢?

這就得靠**第二種**通風方式,利用室內的空氣溫度差來產生風,例如鐵皮工廠屋頂上設置會轉動的金屬蘑菇頭,就是利用熱空氣較輕往上浮升,使冷空氣進入室內填補低處空缺的原理,我們稱之為**浮力通風**。

浮力通風的設計關鍵是「創造室內氣溫差,拉大開口高度差」。建築物內部的蓄熱、機械的發熱、屋頂被太陽直射加熱,都會使室內空氣升溫而創造出室內氣溫差;而拉大開口高度差,則是指出風口與入風口的位置要有足夠的高度差,才有足夠的壓力差讓熱風從高處出去、涼風從低處進來。就像一棟四層樓的透天厝,熱空氣會沿著樓梯間往上流動,帶動涼風從一樓進入室內。

風力通風和浮力通風,不見得能劃分得很清楚。不過,只要建築物有開口,就有風進入的機會;如果又開對了位置,就能確保一年四季都有風。

住宅通風並不難

了解了上述通風的目的及原理後，以下提出三個訣竅，讓你很容易判斷住宅的通風設計好不好，做為你購屋、租屋，或是使用上的參考。

首先，**建築縱深**要小一點。當一陣風從窗戶吹入住宅時，住宅平面格局較長邊的深度（或稱縱深）愈大，風抵達內部區域的速度就愈低，通風的效果就愈不好。依據經驗，縱深要少於14公尺，才具有通風的潛力。重要的空間，例如臥房、客廳，應該要對外開窗，其它如儲藏室、廁所等空間就不一定有對外的窗戶。

其次，要順應**長年風向**雙向開窗。理論上，窗戶的方位朝向風來的方向，再加上另一側的開窗，就能提供最好的風力通風的效果。「冬天吹北風、夏天吹西南風」只是一個概略的說法，地形風、海陸風，甚至隔壁大樓的阻擋，都會影響到住家房間的這扇窗戶會不會有風吹進來。

一塊土地上最有可能出現的風向，可以參考基地附近氣象站的風花圖，或是更精確的，利用一些產製好的高解析度風向頻率資料，來決定建築物如何開窗。然而，如果缺乏風向的資料也無妨，畢竟微氣候瞬息萬變，開窗只是創造一個通風的機會，只要開了窗，氣流就有機會進出。

一個空間若有雙向的開窗，能有較好的對流效果。如果是公寓大樓內單向開窗的臥房，開門後，氣流可由走道通往起居室或餐廳的窗戶進出。如果是透天厝，則可通至樓梯處，氣流也可透過煙囪效應（即浮力通風），由樓梯間的頂層排出。

　　最後一件簡單卻重要的事：窗戶要**可以開啟**。

　　也許你覺得講這個多此一舉，但我覺得太重要了，還是得強調一下：牆面上安裝的玻璃窗，未必都是「可開啟的窗戶」，玻璃不等於開窗。火車及高鐵車廂上讓你可以對外看美景的是**玻璃**，轎車門上可以降下玻璃，讓新鮮空氣進入的才是**可以開啟的窗戶**。

　　看到你身邊的窗戶了嗎？我猜最可能出現的型式是「雙向橫拉窗」，當你把其中一扇推到底時，氣流就可以流進室內。它的最大開口面積大約是玻璃面積的一半（除非像我讀國中時，同學們熱到把兩扇玻璃都拆下），也就是**窗戶開口率**為百分之五十。

　　不過，有些建築物的窗戶開口率極低。**辦公大樓**常採用的帷幕玻璃就是這種型式，因為幾乎長年使用空調，倒也情有可原。然而，近年來有愈來愈多的**住宅**外牆也常出現窗戶開口率很低的窗戶組合：只有很少部分是可外推的窗戶，但很大面積卻是固定玻璃，這就可能

導致住宅的通風不良。

你不覺得有點奇怪，為什麼設計者不將固定窗儘量設計成可開啟的窗戶？

「最重要的就是**價格！**」大學好友這麼說，「一個可開啟的窗戶，除了兩套框料，還要五金及紗窗，費用較高。」他接著說，「另外，可開窗的外框鋁料較粗，會干擾視覺穿透性，例如面對海景第一排或萬坪公園的房子，有窗框的賣相就會差一點。」

這也許是兩難的問題，但如果通風有這麼大的效益，窗戶的生產者、建築的設計者、空間的使用者，都應該再仔細思考窗戶開啟的需求。

走到窗邊開窗吧，也看看窗外景緻

風就如同《阿甘正傳》中所說的：「**人生有如一盒巧克力，你永遠不知道將嘗到哪種口味。**」你永遠沒辦法確定下一秒有沒有風，風從哪裡來。我們只能先設計一個有通風潛力的空間格局，在適當的方位開設足夠的窗戶，等待風的到臨。

購屋或租屋時，選擇通風良好的平面格局，建築縱深最好在14公尺以內，同時，選擇雙向的開窗強化風力通風，面對樓梯及梯廳開門或開窗來誘導浮力通風。

日常使用時，儘量開啟窗戶，即便是白天出門，把臥房門和幾扇窗戶打開，就可以創造通風的路徑，風就有機會吹進來。公寓式住宅對著梯廳的門，以及透天厝樓梯間頂層的門，也應適時開啟來誘導浮力通風。

為了空氣品質，關閉所有門窗全時運轉室內清淨機，或採用全熱交換器引入外氣，並不是個最好的方式——開窗通風還是較自然又可以節能的優先手段。夏天不吹冷氣時儘量開啟窗戶，夏天開冷氣及冬天時也至少**留個小縫**，讓新鮮的空氣持續進入室內，有助於稀釋室內有害物質的濃度，確保人體的健康。

而且，只要站起來，走到窗邊，打開窗戶，就可以暫時休息一下，感受迎面吹來的風，看看窗外的景緻，不是一舉數得嗎？

消暑涼方 11

通風是唯一能讓室內降溫的自然手法。窗不用大，但要能開啟；清晨最涼，要讓風吹進來；風速愈大，體感溫度就愈低。

2-6
空調：美術館內
珍貴的藝術品

我隨著一排長長的隊伍，進入一個幾乎密閉，只能容納不到十五人的小房間。裡面燈光昏暗，人們站在一張筆記本大小的圖紙前，屏氣凝神地端詳。

在英國國家美術館（National Gallery）內，一個偌大展廳中隔出的狹小空間裡，展示著達文西早期珍貴的鉛筆手稿。為了避免破壞手稿，得要用一種特殊的光線照射，泛黃的紙張上才能浮現依稀模糊的字跡及線條。

「欸，光線這麼弱我看不清楚啦！」一旁的小兒子輕聲地跟我說，我費盡唇舌向他說明，這種年代久遠的作品，很容易受到紫外線及溫溼度的影響而毀損，需要細心呵護。「你看牆上那個溫溼度計，」我向他說，「從我們進來到現在，這個數值始終維持不變喔，這是一個精確控制的恆溫恆溼空間，來保護珍貴的藝術品。」

「藝術品？」兒子滿臉狐疑地問：「臥室的冷氣機不就是控制在固定的溫度嗎？上次我搭隔壁三叔公的車子，前後左右的四個座位還可以設定不同的溫度呢！」他咧著嘴笑著說，「那我們也算是珍貴的藝術品吧！」

空調的發明不是為了人，會涼也只是副作用

空調一開始並不是為了人而設計的，和美術館的那個小房間一樣，當時也是為了紙張，而設計出全球第一個空調系統。

1902年，一間位於紐約的印刷工廠，正經歷著前所未有的炎熱潮溼夏季。雜誌出版在即，卻因溼度太高使得**紙張扭曲**變形，油墨無法精準地印在紙上，公司便聘請了一位工程師來解決這個問題。

這位年輕工程師開利（Willis Carrier）發明出一個系統，讓冷卻的氨水在封閉的金屬盤管上持續循環，當空氣被風扇抽入而接觸到低溫盤管時，空氣中的水分就會凝結在極低溫的盤管上，並排出室外，使空氣的溼度降低。

就像是我們把一杯手搖冰飲放在桌面，過了一會兒，杯子外緣就會布滿凝結的水滴一樣，開利就是應用這個簡單的降溫除溼原理，成功地解決工廠內溼度過高的問題。

然而，他發明的這個空調系統有個**副作用**：會使空氣變冷。就像是一個很小的房間內如果放了上千杯冰飲，而且持續用電風扇吹，室內氣溫當然會略微下降。

從這一刻起，他滿腦子思考著如何利用這個副作用幫他創造商機。他把服務的對象從「紙」變成「人」，開始四處推銷他的產品。商場、劇院、車廂、辦公室開始設置空調，成為工

作及娛樂場所中的奢侈品。他更刻意把空調產品跟創造更好的工作效率、更高品質的服務、可以帶來更高收益等價值連結在一起，讓業主願意花錢來採購他設計的空調。

但開利並不以此自滿。在1929年的一次演講中，他這麼說：「夏季的空調和冷卻可能會成為一種必需品，而不是奢侈品。我們必須終結這個無法降溫，讓人們不舒適的**黑暗時代**。」聽來像是蝙蝠俠在《蝙蝠俠：黑暗騎士》中對邪惡小丑的宣戰。

後來，在1940年代的報紙上，出現了史上第一則窗型空調廣告，標語是這麼下的：「你為什麼要再忍受？這台冷氣機以前所未見的低價讓你涼爽舒適！」這宣告了空調即將走入一般的住宅——由生活的**奢侈品**，成為了**必需品**。

吹冷氣要付出什麼代價？

經濟學家認為**洗衣機**的發明，可以讓婦女從繁重的家務勞動中解脫，間接提高婦女在家庭和社會的地位，也增加了在外工作的機會。那空調呢？新加坡前總理李光耀在接受記者詢問新加坡成功的因素，是這麼回答的：「空調對我們新加坡來說是**最重要**的發明，也許是

歷史上指標性的發明之一。它使熱帶地區的發展成為可能，改變了文明的本質。」[1]

空調和洗衣機一樣，成了居家生活**必需品**。不過一個家庭大概只需要一台洗衣機，但空調則可能隨著房間面積及數量的增加，設置的數量愈來愈多。

空調能帶給人們涼爽與舒適，這有什麼問題呢？

第一個問題是**耗電**。家庭中每種電器都可依據它的「功率」和「使用時間」來推估它的耗電量。功率以瓦（Ｗ）為單位，數值愈大表示這項電器愈耗電。使用時間則以小時（ｈ）為單位，用愈久則總耗電量就愈多[2]。

一般家電使用的特性是，功率小的使用時間長，功率大的使用時間短。例如較省電的電風扇（23瓦），日光燈管（28瓦）的使用時間就很長。而只要是涉及溫度改變的電器都會比較耗電，例如吹風機（1,000瓦）或電鍋（700瓦），不過，因

註1：在一次受訪中李光耀表示，沒有空調時人們只能在涼爽的清晨或黃昏時分工作，他提到，他成為總理後做的第一件事，就是在公務員工作的大樓裡安裝空調，這是提高公共效率的關鍵。話雖如此，依照我自己的經驗，新加坡在許多車站、門廳、學校、餐廳仍是以自然通風為主，辦公室的空調溫度也不會設定得很低——如果和香港相比。香港一位建築系教授告訴我，香港全年最冷的地方就是夏天的辦公室內！

註2：以功率1,000瓦（1kW，常稱「瓩」，這字得念「千瓦」，注音輸入法打不出來，還好我念大一的時候學會用倉頡）的吹風機為例，它使用1小時的電量是1瓩時（kWh），也就是電費單上會看到的1度電，依台灣現行的電價，大概是2.5-3.5元左右。當然你吹風機不會使用這麼久，如果使用6分鐘（即0.1小時），大概就用了0.1度電。

為使用時間不長，對於住家的總耗電量影響其實不大。

空調是非常特殊的一項電器：不但**功率高**，使用**時間又長**。以一般家庭4坪大的主臥房來推估，冷氣機的功率約是500瓦，如果你睡眠8小時都開啟，再考量冷氣並不是所有時段都是全力運轉，就以6小時計算好了，耗電量就是3度，與吹電風扇8小時的用電量（0.5度）相比，耗電量就差了6倍。

第二個問題是**排熱**。能量不滅定律告訴我們，能量既不會憑空產生，也不會憑空消失，它只會從一種形式轉化為另一種形式。空調這部機械，也不過就是把室內的能量**搬運**到戶外而已。室內有多涼，戶外就會有多熱。

如果台北市全部的住宅同時開啟空調，就相當於同時有300萬支的吹風機往外排熱[註3]，如此一來，都市能不熱嗎？

更嚴重的是，這是一種惡性循環。隨著戶外氣溫上

註3：依洪國安博士空調實務經驗，並參閱知名品牌的空調耗電資料，以前面提到的那間主臥室配置的空調瓦數當基準的話，4坪大的主臥房，大概配置500瓦空調，每坪因空調而排出的熱量大概是125瓦。依戶政資訊統計，台北市105萬戶，每戶44.9坪計算，假設有一半的空間設置空調，則全台北住宅的空調容量為2,946,563 kW，如果同時開啟，相當於2,946,563支的吹風機往外吹。

升，人們使用空調的時間愈長，室內冷卻的需求愈大，空調的排熱量就愈多，導致戶外氣溫又再度上升。這個循環也導致用電量增加、戶外舒適性惡化、都市熱島效應等問題，形成一連串的連鎖效應。

裝設冷氣前先評估一下效益

開利發明空調的那年，也是愛因斯坦發表狹義相對論的年代。

炎炎夏日中，對大部分的人而言，空調帶來的價值應該比 $E=mc^2$ 來得重要許多。空調是一個劃時代的**偉大發明**，讓我們能在高溫的氣候環境下享受舒適的室內氣溫，但你有時也會擔心用電、排熱對環境的衝擊，以及長時間待在冷氣房內對於健康的影響。

讓我們先仔細回想一下空調的發展歷程，一開始是為了重要物品及機具的乾燥及冷卻，而後轉變成公共空間的價值創造，最後則走入住宅成為民生必需品。

因此，在我們裝設冷氣前，得先思考目的是什麼，以及評估可能帶來的效益及問題。

在一些公共空間，像車站開放的等候大廳、挑高空間，辦公室的等候區、茶水間、走廊，或是住宅大樓一樓的門廳、住

家內開放式的廚房餐廳等。只要不是人會長時間待著的地方，或是具開放性、有流動的人潮，都應謹慎思考空調裝置的必要性。

這類的空間因為具有**開放性**，冷氣容易溢散，也很難確實規範使用者開關門窗的動作，開冷氣的降溫效果不彰。如果這些空間建築外殼又設計得不好，例如玻璃面太大、開窗方向不對、缺乏良好的遮陽的話，那更是能源殺手。

這類空間一旦裝了空調，人們就會想要開啟使用，導致過度耗電。我們不妨先預留安裝設備的可能性，等到確實有需求的時候，可以採用**局部空調**的方式，把冷氣吹到人會停留比較久的地方，例如車站的剪票口及候車室。這就像是在看書時只需要使用小檯燈做局部照明，不需要開啟天花板上大量的背景照明一樣。

開啟空調前你該確認的三件事

人不是藝術品，不需要精確控制的恆溫恆溼空間。人體原本就有自動調適氣候的能力，我們可以試試用前面幾個小節所談的方式取代長時使用冷氣，也許有助於解決這些矛盾焦慮。在你按下冷氣搖控器上的啟動按鈕

之前，我要提醒你該確認三件事。

第一，你是「想要」，還是「需要」吹冷氣呢？

當室內的高溫已經超出人體所能負荷的狀態，你當然需要開啟冷氣。如果在盛夏時，室內窗戶已經打開，卻還是一直維持在30℃以上，你又必須停留一段時間，或是你已經大量流汗覺得不舒適，那就有開冷氣的必要。

不過，有時室內不是很高溫，但會讓你「想要」吹冷氣，只因為你期待室內比戶外再涼一點^{註4}。這個狀況常出現在春天及秋天的時候，為了要使室內氣溫低於戶外氣溫，你得設定很低的氣溫才能滿足期待，造成不必要的空調能源浪費。如果是這種狀況，你應該先開個風扇坐一會兒，也許就會**逐漸適應**室內的氣溫。

第二，目前室內和戶外的氣溫如何呢？

人對熱舒適的感受並不可靠。因為它夾雜著生理（例如剛運動完或靜坐）以及心理（例如經驗及期待）的影響，光是憑冷熱感覺決定要不要開冷氣，也許不太可靠。

註4：這是一場在你心中悄然進行，關於「經驗」及「期待」熱舒適的內心戲。你也許有這樣的經驗，一進家門，你覺得室內氣溫比戶外高，就馬上開了冷氣。結果待了一會兒發現不會涼，才發現冷氣的搖控器是預設27℃，而室內原本的氣溫比27℃還低，你得再把設定溫度調低一點，冷風才會吹出來。這是因為身處台灣長期高溫的經驗，你期待有涼爽的感受，也預期室內應該要比戶外低溫。當這個期待落空，你就會想再降低氣溫──即使當時還算舒適。

相信**溫度計**吧，最好是擺在靠近你的位置，讓它真實地呈現目前的氣溫[5]。如果都還在29、30℃以內，其實吹個風扇都還能讓你在舒適範圍，未必要開冷氣。

戶外的氣溫也很重要，打開窗戶感受一下吧。如果你感覺戶外氣溫比較低，也還算舒適，代表你不需要開冷氣，應該**開窗**，讓涼爽的氣流進入室內，帶走室內空氣及牆面、家具表面上的一些熱量。如果你發現戶外氣溫已高於室內，而且室內氣溫也高出舒適範圍，那就是關窗開冷氣的時機了。

第三，開冷氣時，設定適合溫度、搭配風扇。

參考能源局及台電的一些宣導對策，將空調溫度設定在27℃左右，搭配電風扇使用，也許還能再調高1℃，仍可以大致滿足人體對熱舒適的需求。

在住家要開冷氣時，為了確保空氣品質，記得略開

註5：冷氣機上的溫度，通常顯示的是空調回風的氣溫；搖控器上的溫度，顯示的是你想設定的室內氣溫，也就是壓縮機停止的溫度，這兩者都不是真正的室內氣溫。

註6：依成功大學建築學系潘振宇老師的實測經驗，當室內空調溫度設定為27℃，在夏季，如果窗戶密閉，只有門縫的間隙風時，換氣次數大概只有0.1到0.5次；如果窗戶開一個5到10公分寬的小縫，則入風口面積約有75公分乘以10公分左右，出風靠門下縫120公分乘以1.5公分，經估算換氣量可達到4倍多。此時室內氣溫只略微上升約0.4-0.7℃，在確保室內換氣情況下，也不致於影響室內舒適及用電。

一個**小縫**，5到10公分就好。這樣就有可能達到3-5倍左右的換氣量，室內氣溫也不會明顯增加，是能兼顧節能及健康的策略註6 。

開冷氣前，記得確認這三件事，想清楚，再按下冷氣搖控器上的開關按鍵。

另外，在公共空間覺得太冷時，你可以勇敢地向管理者表達：「現在氣溫會不會太低啊，**有點冷呢。**」既表達了使用者對於熱舒適性的看法，也提醒管理者多加留意室內氣溫是否適當。

即使開冷氣，也要確保舒適健康，拒絕低溫勒索。

 開冷氣前，先開窗並適應室溫。開啟後，要設定適中溫度並配合風扇，窗戶略開一個小縫，能增加換氣確保空氣品質。

第三章

溫度與活動

3-1

戶外活動：你愛日光浴還是撐陽傘？

豔陽高照炎熱的午後，我和學生將儀器架設在德國弗萊堡城市公園（Stadtgarten）內，我們滿頭大汗，但草地上卻擠滿了不畏高溫的人們。

　　儀器顯示空氣溫度是32℃，在當地是很熱的。這組儀器是我們從台灣帶過來的，為了確保量測到的數據有一致性。包含了標準的氣溫、溼度、風速計，及一顆直徑15公分漆上黑色的金屬薄殼銅球，來量測輻射溫度。

　　昨天安得烈就提醒我，弗萊堡夏天日夜間的溫差很大，清晨氣溫大概15℃，中午過後的氣溫卻常飆破30℃。這天豔陽高照，能感受到強烈的熱度，黑球晒到36℃，顯示輻射溫度極高，幾乎和台灣的夏天差不多。

　　這樣的高溫下，公園裡卻是密密麻麻的人群，若是台灣人早就躲到陰影底下去了。看我們滿臉不可思議的神情，安得烈解釋這就是德國人的習慣：「前幾天都是陰天，烏雲密布，難得今天放晴，又剛好遇到假日，愛晒太陽的德國人就一擁而出了！」

　　公園內大部分的人，都暴露在太陽下野餐、閱讀、玩飛盤，或直接躺平在草地上做日光浴。只有極少數人坐在樹蔭下——精確地說，是坐在介於陽光及陰影之間的草地上，方便隨時移動。

　　接近下午五點時，陽光逐漸減弱，氣溫逐漸降低，公園裡

的人才慢慢散去。

　　晚餐時，安得烈問道：「你覺得氣候是否會影響一個人前往這些戶外開放空間的**意願**，以及使用**行為**呢？」他更進一步問我，「你覺得台灣人和德國人對氣候的喜好是否有差別呢？」

氣溫愈高，廣場上的人愈少

　　從德國回來後，安得烈的提問就一直懸在我心上，思考著如何找個適合的地點進行調查。後來選上台中國立美術館前面一個占地約1,300平方公尺，周邊建築低矮且沒有植栽的空曠廣場進行觀察，這個廣場上的活動類型也很單純，通常就是行走、聊天、畫圖等。

　　如何同時觀察人數並記錄溫度，是下一個重要任務。我們站在制高點處，每隔10分鐘往廣場拍一張相片，之後就可計算廣場上的人數。同時，也在廣場上放幾組小型氣象站來觀測熱環境的各種參數，進行體感溫度的計算。

　　冬天的數據顯示，廣場氣溫愈高，則人數愈多。當氣溫從16℃上升到26℃時，人數從20人提升到50人左右，這個現象和德國的公園**很像**。

夏天的數據則與德國相反：溫度愈高，人數愈少。當氣溫由24℃上升到36℃時，廣場上的人數從60幾人下降至不到10個人。

對台灣人而言，這本來就是生活的日常。夏天氣溫那麼高，誰會去廣場上曬太陽啊。但當我把這個結果和安得烈分享時，他則表達出極高的興趣，他問我：「你覺得是生理還是心理導致兩地人們行為的差異？」

「在台灣，當氣溫達到36℃時，伴隨時太陽輻射量的增加，體感溫度已達到44℃，遠高於台灣人舒適的上限，因此廣場上的人數變少是合理的。」我接著說，「倒是在德國的那次實測中，體感溫度應該也有34℃左右，也高於歐洲人生理熱舒適的上限。之所以會有這麼多人，我認為是一種心理的因素——尋求對熱舒適的**刺激**，就是希望有不一樣的體驗！」

日射的排斥性主導了人們在戶外的行為

研究數據顯示，四個氣象因子對台灣人體舒適性的影響力是有差異的，風速、溼度的影響力占不到三成，而太陽所造成的輻射溫度[註1]和氣溫合併起來占有七成以上。另外，夏天統計的結果發現，當輻射溫度達到26℃以上時，大概有一半的人希望日射能再弱一點；而當達到36℃以上時，幾乎**所有人**都這樣

期望。

當輻射溫度過高時，皮膚表面出現汗液，代表身體已經暴露在較強烈的熱壓力，需用更劇烈的方式來進行散熱，以免熱暈厥、熱衰竭、熱痙攣、中暑等。

冬天時陽光倒還能紓解低溫的狀況，但當夏天日射強烈時，就會導致輻射溫度急遽上升，造成人體生理熱壓力的問題。

台灣人不愛晒太陽除了怕熱之外，另一個原因是對膚色及健康的重視。在紫外線波段中，能量最強的UVC對於生物危害極大，但大部分會被大氣層吸收，其次的UVB會使皮膚紅腫晒傷，UVA則使皮膚晒黑老化。紫外線雖然只占太陽能量的6.6%，但是對於健康的影響極大。

戶外輻射量的多寡，對動物的影響也不同。研究者針對加拿大多倫多動物園的非洲獅和西伯利亞老虎進行觀察，發現在同樣高溫烈日下，獅子比較怕晒，留在陰

註1：這裡的輻射溫度指的是平均輻射溫度（Mean Radiant Temperature），它代表了太陽直接日射（短波）和地表及環境材料吸收太陽能量後，間接釋放出來的紅外線輻射（長波）的綜合輻射效應，也可視為一種體感溫度。當晴朗的日間一個人站在空曠的地點，則其經歷的平均輻射溫度就比站在樹蔭處或遮蔽物下高，代表人體獲得的輻射熱量較多。日間時，平均輻射溫度都會高於空氣溫度，代表人會藉由輻射的吸收而獲得熱量。

影的時間比較長，大多是躺臥在樹蔭下，一副懶洋洋的模樣；相反的，老虎喜歡陽光，待在太陽下的時間比較長，大多是走動或站立，行動比較活躍。研究者推測原因，可能是非洲獅最早生活在炎熱的草原，比較怕曬，而西伯利亞虎來自寒冷的冰原，喜愛陽光。

我們找了台中科博館旁的一個戶外階梯廣場，要來找找看誰是獅子及老虎。我們在廣場的空曠及遮蔭處架設熱環境儀器，並在較遠處以攝影機記錄（避免將人臉拍得太清楚），之後將廣場上的人進行編碼，記錄他們的停留位置、時間、行為……等。我們發現陰天時，人們是均勻分布在全部階梯上，但晴天時則彷彿被下了指令般，集體移動到陰影處。

若以每人平均停留的時間來分析，熱季時（春、夏、秋）待在陰影處的人平均停留時間比日照處長了約9分鐘。在冬季同樣也是**陰影處**的人待的時間較長，但兩者差異變小，約4分鐘左右。另有一個發現也很有趣，陰影處的人像那隻慵懶的獅子，多為靜態行為，如談話、看書、飲食等，而日照處民眾較多進行走動、玩飛盤、追逐等動態行為，就像老虎一樣。

看起來，亞熱帶人像獅子一樣愛躲在陰影下，溫帶人像老虎，喜歡曬太陽。

提高戶外風速，有助人體舒適和都市降溫

　　如果我們可以提高戶外的風速，將助於人體熱舒適性的提升。在戶外，風速每秒增加0.5公尺，體感溫度約可降低1℃左右。每秒1公尺的風速是對於人體舒適的狀態，大概是樹葉飄動，還不到樹枝晃動的程度。

　　戶外的風不只能提升人體舒適性，還能有效降低都市熱島現象。當風速增加時，能將建築物及路面的蓄熱、空調排放的熱量帶走，另外，風速也可以加速水域及綠地的蒸發及蒸散，有利於都市降溫。

　　依據我們在六都市中心監測的數據，當風速每秒增加0.5公尺，夜間氣溫最多可降1℃左右，有助於減緩都市高溫化的現象[註2]。

　　那麼，在都市中，戶外的**風來自哪裡**？

　　一種是**隨季節而轉變**的風。例如我們常說冬天是東北季風，夏天是西南季風，這種長年風向除了受到天氣系統影響而改變之外，也會受到附近地型、地貌的影響，例如山谷風、海陸風，讓日夜間的風速及風向明顯

註2：依據成功大學建築與氣候研究室執行台南市HiSAN計畫102個測點2年監測的分析結果，其溫差是與全市測點均溫之差；風速則是由氣象局最近測站的風速，再經過地表風阻特性修正後所得之數據。

不同。

一種是**受地貌而影響**的風。例如都市中地表材料的吸熱特性，會造成不一樣的表面溫度——道路及建築溫度較高，而綠地及河道溫度則較低。這些高溫區上方的熱空氣較輕而上升，低溫區的涼風就會吹進來，也造成局部的氣流循環。不過，高聳密集的建築、狹窄的街道，也可能造成氣流的阻礙，讓原有的風速降低、風向改變。

我們很難改變第一種的季節風，但透過都市規劃及設計，能改變第二種的地貌風，不但能提升人體舒適和都市降溫，還可以降低空汙濃度[註3]。

戶外要舒適，你得更早預約

戶外的氣溫、溼度、輻射、風速所構成的微氣候，主導了我們活動的安排，影響了前往一個空間的意願，也改變了我們使用空間的行為。與室內的熱舒適相比，要達到戶外的熱舒適，我們一定要更早準備，提前預約。

註3：風速微弱將造成汙染物擴散不良容易累積，以致空汙濃度增加，適當的通風可增加汙染物擴散效率，提升空氣品質。台灣大學地理系莊振義老師的研究室評估台北市松山機場鄰近地區風速與PM2.5濃度之關係，在日間大氣不穩定的狀況下，街道風速增加可降低汙染物濃度。他發現，當風速每秒增加0.5公尺，適當條件下就可以降低15%空汙濃度。

第一個原因是戶外的**微氣候調整不易**。預約室內舒適性，大約需在完工前2-5年進行，也就是在建築物的設計階段，先做好隔熱、遮陽、通風設計。然而，戶外的舒適性涉及土地及道路規劃、建築使用型態及強度，必須在國土計畫、都市計畫、都市更新及設計階段就提早因應，也許在數十年前就該完成，落實在土地覆蓋及土地利用的策略，來提早預約戶外舒適性。

另一個原因是戶外**缺乏即時的彌補對策**。室內舒適性能夠透過開窗引風、開啟電風扇的方式彌補，即使熱到無法忍耐，也還能夠開啟空調馬上降溫。然而，造成戶外不舒適性的原因通常是綠地及水域面積不足、密集的建築阻擋氣流、高蓄熱的建築及路面、大量的人工排熱，當下幾乎沒有立即彌補的方式讓戶外變得涼快，只能透過使用者的調適對策，例如走在樹蔭下，來減緩不舒適的感受。

不過，要預約戶外的熱舒適，並不是容易的事，因為這些行動大部分都與政府的法令規範有關，並由政府或企業主導開發、專業者進行規劃設計、營造公司施工興建，在下一節我們就要討論，對於開發密集的都市而言，應該如何減緩戶外高溫，並提高使用者步行時的熱舒適性。

規劃設計者應考量人們在戶外環境活動的需求，提供足夠遮蔭、通風良好的區域，才能增加空間使用率。

3-2
都市步行：
管樂小雞與大塞車

中央噴水圓環是嘉義市重要的地標，著名的砂鍋魚頭、百年餅鋪、葡萄柚綠茶、火雞肉飯都在這附近。我的最愛則是蓬萊漢堡，洋蔥、高麗菜絲、肉片、剖半的圓麵包總是在小平底鍋上煎得滋滋作響、香氣四溢。自從兩年前歇業後，只剩一個舊招牌供人追憶。

　　噴水池的本體歷經很多變化，陳澄波1933年的畫作〈嘉義中央噴水池〉應該是最早的樣貌，當時水池中央只有一個小石碑。後來水池增設了七彩燈光，底座也加大，上面的雕像不定期更換，有過政治人物、棒球投手，或是隨著舉辦的活動換上太空人、燈會巨龍，電動的底座還能旋轉呢。

　　不過，當底座上的小雞出現時，就代表一年一度的大塞車又要來了。

　　每年年底舉辦國際管樂節時，這隻法國號造型的管樂小雞（應該是好聽又好吃的意思）就會在噴水池登場。盛大的國內外管樂團踩街活動，吸引了大量外地觀光客湧入市區。

　　嘉義市區街道狹窄，單行道不只汽車多，機車還可逆向行駛[註1]，原本的行車就緩慢，舉辦活動時大量觀光客駕車進入，好幾條市區道路又封閉管制，更使得車輛幾乎動彈不得。市區

註1：嘉義市區中有17條單行道——嚴格來說叫做「限制性道路」，要求汽車單向行駛，但機車則可以雙向行駛。以前我剛到台南讀書時，最意外的除了涼麵沒加美乃滋外，就是單行道機車居然不能逆向行駛，真不方便。

內雖然有不少地下停車場，但活動結束後大量湧出的車輛，又會讓傍晚的堵車更加嚴重。印象中，幾次陪小孩去參加踩街，都是一場交通**惡夢**。

還好，後來市政府想到了改善方案，例如推出旅館優惠，讓人們提早及**延後離開**，避免活動散場時，車輛瞬間暴增；並提供接駁車輛往返車站、噴水池、郊區體育場，不只讓人們**減少開車**進市區，還可以在傍晚散場時快速離開。

現在看到那隻管樂小雞出現，我已經不再那麼擔心交通問題，不過，想吃的東西還是要提早去買，以免管樂節那幾天得和觀光客**搶食**。

都市高溫就像都市塞車，先了解源頭在哪裡

生活在都市中，對於開車或騎車的民眾而言，行車安全便捷又順暢是重要的一環，塞車實在令人難以忍受。而對於步行的民眾，人行道的安全與平整早已是基本要求，但也期待炎炎夏日時，走起路來微風拂面、涼爽舒適。不過，對於都市步行的涼適期待，似乎離我們愈來愈遠。

有一回去台北出差，沿路都承受著高溫的衝擊。被

太陽晒到發燙的路面，釋放出令人暈眩的熱氣；家家戶戶緊閉門窗，冷氣全力運轉，持續排出熱氣；建築物緊密排列、棟距狹窄，大概連小鳥都要**側身**才能從縫隙飛過去，吹到面前的涼風，似乎成了遙不可及的奢求。

巧的是，這天是2020年7月24日，正是台北氣象站設站124年以來最高溫的一天，達到39.7℃，我算躬逢其盛，體驗到有史以來的台北最高溫。

都市高溫的現象，其實和都市塞車十分相像，只要把熱量想成車輛，就可以輕鬆了解都市高溫的原因。市區會塞車的原因，除了平時就有不少本地車輛之外，還有各種活動舉辦時外地湧進來的車輛。**太陽輻射熱**，就像是市區內原有市民通勤及活動的車輛，依時段規律地進入都市之中。**空調排放熱**，則像節慶、假日多出來的觀光客車輛，不定時地往都市街道流竄。

這兩種熱量，會排到哪裡，躲在何處呢？

第一種是**排入空氣**之中，就像車子直接開到路上，空調的排熱就屬於這一種，它會馬上造成氣溫升高，讓你最有感。第二種是**躲在構造物**中，就像車子停在立體、平面、地下室停車場，太陽輻射熱就是利用這種方式，將熱量蓄積在建築物、道路、鋪面等構造物之內。千萬別小看這種熱量蓄積的方式，熱量會慢慢累積在構造物中，使構造物的表面溫度緩緩上升。如果你不靠近伸手摸它，很難感受到表面溫度已經高得離譜。這

些累積的熱量會在太陽下山後持續釋放到空氣中，以致
都市的氣溫始終居高不下。

為都市降溫的四個對策

在市區塞車的當下，可以進行交通指揮、燈號管
制、狀況排除，快速疏解塞車的問題。不過，都市高溫
就沒辦法像倒入一桶冰水般馬上見效，就像室內的熱舒
適性一樣，我們也得提早預約——而且要更早。

第一個對策，是**增綠再留藍**。綠地、水域是都市降
溫的根本之道，因為我們居住的城市在數千年前，都是
自然的綠地及水域。當植物行光合作用時，會透過葉片
蒸散水分，土壤及水域也能蒸發水分，這兩種方式都可
以利用潛熱傳遞方式[註2]，帶走環境的熱量。

第二個對策，是**讓路給風走**。風是加速都市散熱的
利器。我們要保全自然風廊，從郊區引入涼爽氣流到都

註2：「潛熱傳遞」指的是溼潤材料中，透過蒸發作用，讓液體轉變為氣體的過
程，例如熱咖啡蒸發散熱的過程。常與其比較的則是「顯熱傳遞」，描述
的是乾燥材料透過周圍物質熱交換而散熱的過程，例如熱量從熱咖啡傳到
杯子，再傳到你手上的散熱過程。潛熱傳遞的效率會比顯熱傳遞高出很
多。因此，在都市中溼潤的綠地水域以潛熱傳遞的散熱效果，就會比乾燥
的鋪面以顯熱傳遞的散熱效果還要好。

都市要降溫需要細心呵護。增加綠地水域來蒸發散熱，引入涼爽氣流讓高溫退散，加強室內節能的使用者行為調適，以減少空調排熱，以及創造都市遮蔭廊道讓行人走得舒適。

市，也要規劃都市風廊，避免密集的建築物阻擋了氣流，讓氣流暢行無阻，才能確保民眾享有風權。

第三個對策，是**遮蔭供人行**。遮蔭是確保舒適的最後防線，枝葉茂密的開展喬木，或是輕量化的遮蔽設施，就像一把傘，幫都市阻擋了太陽輻射，創造大量的陰影。除了使用自然植栽遮蔭之外，也可以採用騎樓、迴廊、頂棚等人工遮蔽設施。不但能讓日間行走舒適，也能減少夜間地面輻射熱，緩和夜間都市高溫化問題。

第四個對策，是**節能少排熱**。建築節能是減緩都市高溫惡

化的解方。如同第二章所提及的，首先要確保室內舒適性，做好隔熱、遮陽、通風的設計，並提高空調效率，選用高效能的冷氣。使用者行為調適也很重要，除了將空調的溫度設定提高，也可以改變活動時間、調整衣著方式。

幫你選一條舒適的行走路徑

都市就像一個浴缸，要維持熱量平衡就像是控制浴缸的水位高度一樣，水流出浴缸的速度要比流入浴缸的速度快一<u>些些</u>，才不會發生水位暴漲的問題。同樣的，都市散熱的速度也要比都市產生熱量的速度快一些，才不會造成都市高溫化的問題。

不過，上一段提到的降溫及舒適性策略，看起來大多與中央或地方政府的法令規範有關，或是由政府部門或大型企業主導、專業者進行規劃設計、營造公司施工興建，似乎與一般民眾的關聯性不大。

有什麼是一般民眾能做的呢？

對於都市的熱環境而言，民眾雖然不容易做到幫都市降溫，但可以去**適應**這個衝擊，也就是想辦法讓自己舒適一些。簡單來說，我們得學會如何聰明地**選擇**一條

舒適的行走路徑。以下我舉幾個路徑判定的訣竅：

第一是**充足陰影**。在都市行走時，盡可能走在建築物或樹木的陰影下，不但能減少輻射熱吸收，提高行走的熱舒適，還能夠避免強烈的紫外線造成晒傷。

第二是**涼適材料**。黑色的瀝青鋪面是吸熱能力很強的材料，表面溫度很高，也會釋放強烈的輻射量，不只是人不好走，寵物的腳掌因為是直接貼在地面，也會熱到發燙[註3]。相對的，淺色鋪面、植草路磚、草地木料都是較好的降溫鋪面，當表面溫度比較低時，自然就會減少輻射熱釋放。

第三是**良好通風**。別以為太陽晒不到的地方就不熱。大樓之間狹窄的空間，低矮房舍間的巷弄，都可能因為通風散熱不佳，而使得材料內的蓄熱及空調的排熱無法發散，而造成局部高溫的問題。

第四是**暴露時間**。在都市行走時很難找到一條遮蔭充足、材料涼適、通風良好的路徑，難免會暴露在不太舒適的環境裡。這時要把握一個原則，就是當外界愈熱，行走在高曝晒、低風速環境的時間就要愈短，以避免體內熱壓力的累積。

註3：某個炎熱的下午，我看見柴犬庫里悶悶不樂地跟著我姐姐走進家門，不停吐著舌頭又喘氣，姐姐說他這幾天幾乎沒有食欲，連最愛的小松菜佐鮭魚南瓜泥都吃不下。狗的皮膚沒有汗腺（所以幫狗剃毛對消暑的效果有限！）只能從舌頭、腳掌散熱，如果地面材料溫度很高，將會嚴重影響其散熱而導致中暑。

請表達你對都市步行熱舒適的渴望

難道民眾只能消極地順應環境，不斷尋找都市中舒適的移動路徑嗎？民眾有沒有更積極的方式，可以參與討論，並改變都市高溫化的問題呢？

「對於熱島高溫及戶外熱不舒適，我們能做什麼呢？」有次安得烈來台灣演講都市高溫調適時，一位學生就這麼問他。

安得烈長期在德國氣象局的人體生物氣候中心任職，熱浪的科學預警、媒體溝通、策略因應原本就是他的例行工作，對這個問題當然不陌生。我原以為他會從留意高溫預警、做好自我熱健康管理等調適性的面向，來回覆學生這個問題。

「最好的辦法，其實是問你的政府官員、民意代表，他們為了都市降溫及熱舒適提升，**做了什麼事？**」他接著說，「在德國這是非常自然而普遍的方法，督促政治人物發揮影響力，也監督政府持續精進與改變。」

安得烈的回答令我意外，但這不就是民眾最能發揮力量的地方嗎？

噴水池的這隻管樂小雞，暗示了即將到來的塞車噩夢，讓政府及民眾能及早因應。有效的因應對策，使觀

光客能盡情享受國際管樂及在地美食，也降低對市民日常生活的衝擊，還能促進商家收入。

對我而言，研究室同學辛苦監測數據，畫出六都的**高溫化地圖**——深紅色代表高溫，淡綠色代表低溫，就是我的管樂小雞。有趣的是，它也常是我講完一整場演講後，聽眾唯一記得的圖。

而對民眾來說，對都市高溫化的提問，就是大家的管樂小雞。「欸！我的都市怎麼變那麼高溫？」當很多人提問時，代表我們**在乎**都市活動的環境品質，也**警覺**到高溫化、低風速、少遮蔭、高排熱的嚴重問題，並希望**監督**政府是否有相應的政策與法令加以管制。

比起我這類氣候研究者的推動或疾呼，我相信民眾的集體聲量更大，影響力也更寬廣深遠。

 戶外活動時，要選擇有充足陰影、涼適地面材料、周邊良好通風的路徑，且避免長時間直接暴露於日晒區。

3-3
運動競技：首屆
在冬天舉辦的世足賽

「我不敢再入境卡達了！」安得烈笑著告訴我，「因為我的一篇論文，害得原本預定夏天在卡達（Qatar）舉辦的世足賽，要延後到冬天舉辦。」

　　時間拉回到2014年，安得烈在一篇科學期刊論文中針對卡達首都杜哈（Doha）的全年氣候及熱舒適進行分析，這裡正是2022年國際足總（FIFA）決定的世界盃足球賽舉辦城市，世足賽依歷屆慣例都是在夏季舉辦。然而，數據顯示，杜哈的夏季白天體感溫度將超過50℃，這甚至不曾在台灣出現過，如果在夏季舉辦這場足球賽的話，恐怕會造成球員及觀眾極大的熱壓力，甚至衝擊到健康，因而安得烈建議，本屆世足賽應移至冬季舉辦。

　　一般這類期刊論文都是特定領域的科學家在撰寫，通常也只是這群人在閱讀。但這篇論文不知怎麼的，被《洛杉磯時報》（*Los Angeles Times*）跑科學線的記者讀到了，並撰文披露，接著《華盛頓郵報》（*The Washington Post*）甚至用該賽事會「熱到連坐著的**觀眾**都沒辦法看」為標題大肆報導。

　　這也逼得主辦單位趕緊叫興建足球場的承包商出來說明，工程經理寫了長達千字的文章刊登在科學雜誌中，說明他們如何幫這個戶外運動場降溫。安得烈知道我過去在台灣幾個運動場館中有做過熱舒適性的實測及分析，就問我對他們採取技術的建議，並派個功課要我寫個短文回應。

移到冬天舉辦的世足賽，讓足球員、裁判、觀眾都涼適健康，
也可避免空調耗電浪費。

　　我詳細看了內容，寫了一篇評論短文寄給他。「他
們要在每個座位下方，設置閥門**吹出冷氣**進入球場，以
便將室外氣溫從40℃降到23℃。」我坦白向安得烈說，
「他們想要在開放型的場館內降溫17℃，必定要付出高
額代價，也就是驚人的電量。」

　　接著，他在幾次歐洲氣候會議中，把這些觀點轉述
及表達，不厭其煩地與媒體及民眾持續溝通，大聲疾呼
這樣的高溫將造成足球員及觀眾的健康衝擊，空調用電

及排熱也將成為環保問題。

　　還好最後卡達及國際足總讓步了，他們在隔年（2015年）的2月正式宣布，為了確保比賽期間舒適涼爽，將把原來預定在6月舉辦的賽事移到11月辦理——這是首屆在**冬天舉辦**的世足賽。

慎選舉辦的地點與時間，讓運動賽事遠離高溫危害

　　地球暖化讓許多戶外運動及競技受到極大的衝擊，最明顯的例子就是**馬拉松**。因為它持續的時間很長，使得人體因運動提高代謝量，若又處於高溫及高日射下，加劇人體熱量的累積，就容易造成人體的熱危害。

　　同樣也在卡達杜哈舉辦的2019世界田徑錦標賽，即使主辦單位已臨時將女子馬拉松延至凌晨12點開始，高溫32℃仍使得逾四成選手棄賽，多人發生中暑、脫水症狀，冠軍是肯亞的切普恩傑蒂奇（Ruth Chepng'etich），她以2小時32分43秒的時間奪冠，是**有史以來最慢**的世界冠軍。

　　英國《鏡報》（*Daily Mirror*）引述參賽選手的評論，指比賽「猶如在地獄中進行」、「潮溼會殺死你，根本無法呼吸」、「這是對運動員的不尊重。一群高級官員聚集在一起，決定要在這裡舉行錦標賽，但他們卻坐在涼爽的地方，可能正

在睡覺。」

　　無獨有偶，受COVID-19影響而延期至2021年舉辦的東京奧運也面對這樣的問題。

　　「現在東京的氣溫，與1964年首次辦理奧運時的氣溫相比，高出許多。」日本千葉大學本條毅教授告訴我。他是極富盛名的熱舒適專家，對於景觀環境及戶外運動的評估有許多專業的論述，也常來台灣參與我們的實測及研究討論。

　　「一開始我們協助東京市政府，以調整路徑的方式來提高跑者的舒適度。」本條毅教授攤開地圖把馬拉松路徑指給我看，「熱風險最高的是途經皇宮這一段，因為東側建築物最低。我們依照跑者的速度來計算，跑到這裡的時候大概是十點半，依當時太陽的方向角及高度角，正好會**晒到**這條路徑上。」

　　他展示了那個地點往上面拍攝的魚眼相片，顯示天空受到建築物阻礙的位置，只要套疊賽事當天的太陽路徑圖，就可以精確地知道什麼時間太陽會晒到哪個地點。

　　「在總距離不變的狀況下，我們建議大會將這段路徑**移到**馬路對面，這邊的太陽就會被建築物擋住，晒不到跑者。只不過，包含氣象廳及研究團隊的數據都顯

示，依照東京夏天的氣溫，不論多早開始起跑，路徑如何調整，跑者會承受到的體感溫度，都具有高度的熱風險。把馬拉松的比賽移到較北且涼爽的城市，是目前必須思考的事。」

本條教授指出，更動馬拉松賽事的比賽地點非常不容易。因為這是最有機會吸引國內外遊客進到市區的賽事，成千上萬的民眾擁入東京市區，對於城市行銷及觀光收入有極大的效益，算是整個奧運賽事的金雞母，這也是當時把路徑安排到皇宮周邊的原因。

這場馬拉松比賽最終仍抵擋不住高溫及輿論壓力，決定移到**北海道**札幌舉行。但那幾天北海道也出現歷史性的高溫，女子馬拉松開跑的前一天晚上，突然宣布要**提前**1小時開賽。一早6點起跑時氣溫仍有26℃，大部分選手抵達終點時還升到30℃，這造成了15人中途退賽，包括切普恩傑蒂奇，就是那位2019世界田徑錦標賽冠軍，顯然她這次沒能撐過高溫。

場館的通風及遮陽設計也同樣重要

除了慎選運動賽事舉辦的季節及路徑，運動場館在設計上也應該要能避免高溫的危害。因為有些例行性的活動終年都可能在運動場中進行，例如棒球，每場維持的時間都很長，除了運動員之外，還會有大量的觀眾參與。

為了探討這個議題，我和學生到位於雲林縣的斗六棒球場架設了儀器量測。外野座席區是空曠無遮蔽的，內野座席區則有遮蔽，以一種看來像透光帳篷布般的薄膜材質為頂蓋遮蔽材料。

「我們量測的數據會不會錯了？」學生在仔細整理數據後詢問我，「有頂蓋遮蔽的內野座席能阻擋日晒，應該會比沒有頂蓋的外野座席高溫才對。但我們實測的結果為什麼有些時段是相反的呢？」

原來，座席上方的頂蓋朝向，會因不同時間點的日射來向，而影響下方座席的舒適性。我們把球場的配置圖對照方位一看，才發現原來內野席是背對西南向，只有在下午，頂蓋才能發揮良好的**遮陽效果**。而在早上及中午的時候，不僅太陽直射進內野席，半透光的頂蓋也**被晒得發燙**，表面溫度升高的結果會使頂蓋和座位區的表面材料都釋放出大量的紅外線（長波輻射熱），再加上半封閉的頂蓋造成通風不佳無法散熱，導致在上午及中午時段的體感溫度反而比空曠的外野還要高。

這也顯示了，如果遮蔽物是固定的狀態，不同時段中，對於運動場觀眾席座位區的遮蔽特性不盡相同，如果能了解運動賽事主要的舉辦時間及觀眾的位置，將更能因應它的需求進行設計上的調整。

全程揭露運動賽事的體感溫度──
成大全運會的實踐

為了避免在運動賽事受到高溫衝擊，除了提早規劃好地點、時間，以及提早規劃運動場設計之外，有沒有什麼是當天能做的事呢？

2021年，成功大學負責主辦全國大專校院運動會，我們研究室與全大運執行委員會、成大體育室合作，在舉辦賽事的田徑場上進行**體感溫度監測**、熱舒適**問卷調查**、高溫**廣播警示**，這是國內首次在運動賽事中啟動高溫監測的創新做法。

當時雖然已經是10月份，但台南氣溫仍高達35.4℃（10月2日下午2點）。10月3日當天早上8點多時，我打開手機的APP查看運動場儀器的狀況，顯示氣溫已達31℃，代表熱輻射強度的黑球溫度，也已經高達40℃。

「昨天早上十點左右有一位教練在田徑場內昏倒，下午四點有兩位參加一萬五千公尺的選手意識不清昏倒，還出動擔架送醫。」我研究室參與高溫監測任務的博士班學生當天在現場緊急和我聯絡，說明他的憂心之處，「等一下九點左右要進行一萬公尺競走比賽，賽程時間會長達一小時，我擔心這對選手恐怕是高度的熱壓力狀況。」

清晨的高溫即是警訊。我們採用的體感指標是國際上最普

遍使用的「**綜合溫度熱指數**」，即WBGT[註1]。依目前換算所得到的WBGT已達29.5℃來看，中午前後的溫度將會更高，可能會超過昨天最高值32.2℃——這已達到危害等級最高的「**極端**」熱風險，對於長時間暴露在高溫下的裁判、教練及選手都是挑戰。

我們很快地計算及討論後，趕緊向裁判長通報狀況。

五分鐘後就聽到廣播傳來：「大會報告，目前量測出的戶外體感溫度偏高，請選手及觀眾不要拖到身體極度不適才反應， 稍微有點不舒服就應儘快移動至有遮蔭的地方，並多補充水分。」同時，醫護站在收到這個訊息也增加冰塊的備量，以供消腫止痛、降溫使用，現場有不少人也往帳篷處移動。

還好這些警示**喚起**了大家的注意，後來就沒再發生嚴重的熱中暑事件。「這是我**第一次**在賽事中遇到這樣的安排。」一位擔任體育專業項目判決工作逾四十多年的資深裁判告訴我們，「環境監測即時資訊可以提供給

註1：WBGT以空氣溫度、溼球溫度、黑球溫度換算而得，是由美軍訓練營所發展出來的熱壓力指標規範（TB MED 507），用來避免因行軍等訓練而造成中暑的現象。目前勞動部訂定之「高溫作業勞工作息時間標準」中，也以WBGT做為高溫作業勞工暴露時間的基準，日本環境省亦以WBGT做為中暑警報，並廣泛應用在東京奧運等體育賽事。中央研究院環境變遷研究中心龍世俊研究員以氣象資訊及健保資料庫數據分析，建議WBGT在台灣北部超過34 ℃、其它區域超過32.5 ℃時，就需加強警戒。

裁判長做提醒及決策參考，隨時保護裁判、教練及選手在運動場上的安全，真的很重要！」

如何在運動中保護自己？

安得烈及本條毅兩位學者都告訴我，受到氣候變遷及全球暖化的影響，戶外運動將使人們暴露在更高溫的狀況下，成為一項高風險的戶外活動。我們該如何避免這個風險，在事前或當下保護自己呢？

首先，應避免在高溫熱季時舉辦戶外賽事活動，如果難以避免，盡可能早一點開始，有些路跑選在傍晚或深夜時段開始也是一種選項。這是因為太陽輻射量通常在上午10點至下午2點之間最強烈，會大幅提升體感溫度，如果在遮蔽不足的戶外環境運動，會對人體產生**熱壓力**。

主辦單位對於比賽活動時間的彈性安排，也是一項重要的溫度調適策略。德國海德堡在夏季時辦了一場路跑，讓每個參加者可**自行決定**起跑的**時間**，並在網路上登錄，計時的方式則是以手機APP方式，並利用定位的方式進行記錄。一名參與者告訴我，當天大部分人是在清晨或傍晚起跑，但也有不少人在夜間才起跑。這顯示路跑活動開始考量每個人在不同溫度、時段下的調適能力，讓參與者能夠自行選擇。

　　而從事運動者，除了要避免運動傷害，也要了解高溫可能造成的危險，保護自己。如果可以選擇的話，儘量不要長時間暴露於空曠處，比賽或運動空檔時應至有**遮蔽處**休息。現在大部分的戶外比賽都會設置一個有遮篷或大陽傘的區域，提供座位、飲水，並有醫療團隊進駐，應該要在稍感炎熱時就進入有遮蔽處，不要到很不舒服的時候才尋求協助。

　　場邊觀賽的觀眾也不要以為有頂棚就一定能防晒，要注意側向晒入的陽光，並且事先做好防範措施。

　　當氣溫高於34℃，且在夏季上午10點到下午2點之間，晴朗無雲的天氣，日射處的WBGT都可能達到32℃，也就是達到「極端」熱風險的時候，就應該設法降低溫度或提止運動。我們也要提出呼籲，舉辦大型體育賽事時應該**即時揭露**WBGT或體感溫度，並提出必要的警示系統及保全設施，才能確保參與者的安全。

消暑涼方 15　高溫下進行及觀賞戶外運動，將可能承受高度熱風險。應該儘量在清晨及傍晚進行，並選擇有遮蔭的地方。

3-4
觀光旅遊：
日月潭的氣候魅力

「這次來台灣，你準備好帶我去哪個景點，再次體驗一下中暑的感受呢？」安得烈在一個初夏五月抵台後在高鐵站出口笑著問我，同時給我一個來自溫帶但帶有熱帶溫度的擁抱。

前幾次來台的旅程確實帶給他不少熱帶氣候上的震撼。包含盛夏時在台北從淡水捷運站走到老街和紅毛城；在台南白天造訪安平古堡、億載金城，下午還頭戴斗笠搭乘竹筏穿越紅樹林樹冠所形成的綠色隧道；在高雄穿越了西子灣隧道及中山大學濱海道路一路登上打狗英國領事館。這幾次他流汗到快中暑，但還堅持一定要「體驗」一下熱帶氣候。怕他太熱，有一次帶他上阿里山，那次氣溫不到10℃，他沒預期到氣溫那麼低，沒帶夠厚的外套，結果冷到發抖。

這次來訪，連續五天安排他密集地參與研究生討論、工作坊、演講，最後兩天安排了日月潭旅遊。即使是夏天，那天清晨仍略有涼意，我和他沿著日月潭環湖步道走了一個小時。「這裡的氣候對於來自溫帶國家的遊客而言還真是舒適。」他走到一半突然停了下來，看著清晨潭面飄來的薄霧，對著我說：「我們就選日月潭來進行旅遊氣候的研究，了解它在旅遊氣候上的潛力吧！」

得天獨厚的日月潭旅遊氣候

氣候是遊客們決定旅遊地點的重要考量項目。德國漢堡大學永續與全球變遷中心的學者漢米爾頓（Jacqueline Hamilton）發現，德國遊客在選擇國外旅遊目的地時，**氣候**是第一優先的考量因素，第二及第三優先則是**景點**是否鄰近海洋及湖泊、是否有豐沛的自然景觀。最高氣溫、海水溫度、日射時間為三項最重要的氣候因子。

台灣針對國內旅遊地點選擇的調查中顯示，氣候因子僅次於住宿品質，為排名第二優先的考量項目。其中並以氣溫、降雨、颱風為主要的考量因素，另外，遊客也覺得旅遊氣候資訊極為重要，並且以網路資訊為優先取得的媒介。

為了探索日月潭旅遊氣候的特色，我們以中央氣象局日月潭氣象站近10年的氣候資料進行分析，並將體感溫度（此處是以生理等效溫度PET做指標）以全年12個月、24小時的區間進行統計。

過去的研究通常只統計氣溫的變化，而我們則嘗試加入人體的舒適性標準，來評估這樣的氣候條件，對遊客來說是否舒適。

但是，我們所指的「遊客」來自哪裡呢？

我們選擇同時對國外或是台灣當地的遊客都進行調查，因

為長期氣候經歷的差異，對於舒適度會有不同的標準。到日月潭的那天，氣溫大概18℃左右，安得烈覺得舒適，對我而言則略感涼意。同樣的氣候資訊，對於**熱舒適標準**不同的我們，在感受上就有很大差異。這就像是相同一份考卷，不同程度的考生在作答時，對難易度的感受會有很大的差異。

因此，我們針對日月潭的統計數據，套用了兩種標準。一個是以中西歐人為對象的溫帶國家標準，一個則是以台灣人為對象的（亞）熱帶國家標準，來檢視人們感受的舒適性。這就像是一份考卷有兩種不同的評量標準，我們想看看會有什麼不同的結果。

同樣的溫度圖，套用在不同的舒適範圍，會產生截然不同的結果。在繪製溫度頻率圖時，我們會以紅色調來呈現感覺較熱的時段，藍色調則代表較涼。如果攤開這兩張不同氣候帶標準的日月潭氣候圖時，會發現在熱帶基準下一片深藍，代表人們感覺很冷；當套用成溫帶國家標準時，圖像轉變成淺藍至白色，代表人們感覺舒適。

這說明相同的氣候對不同的人會呈現**截然不同**的風貌。日月潭即使在最熱的7月夏天，一天中仍有一半的時間體感溫度低於18℃，會讓熱帶的人覺得冷，但溫帶的人覺得適中。這就是為什麼日月潭的天氣得天獨厚，對

於安得烈這類溫帶國家觀光客，具有極佳的氣候潛力。

這篇以日月潭為名的旅遊氣候文章，在刊登後獲得了不少的迴響[註1]。安得烈也常向他的友人推薦這個絕佳景點，台灣2021年嚴重旱季時我傳給他一張幾乎見底的日月潭相片，他還向我問了一下目前露出水面的青蛙有幾隻呢！

氣候變遷造成的高溫化，嚴重威脅旅遊業發展

正因為氣候對於旅遊是如此重要，當遭逢氣候變遷時，旅遊活動的品質劇變將會讓世界各地的遊客最為有感，旅遊業收入更可能大幅銳減。

這可以從兩個方向來探討。第一是高溫環境**直接影響了遊客的感受**，降低了旅遊的舒適性。

南歐近年氣溫攀升，導致了遊客不舒適性提高，而減少了旅遊人數。臨接地中海的西班牙、義大利、希臘天氣溫暖，過去一直是北歐及中歐遊客最喜歡造訪的國家，然而，近年多次發生的熱浪、森林野火、旱災、缺電，導致多個景點關閉，遊

註1：如果你以Tourism Climate（旅遊氣候）為關鍵字做學術搜尋，我和安得烈合著的這篇探討日月潭氣候的文章，總共被引用六百多次，是旅遊氣候領域全球被引用率排名第一的文章，這篇文章也被聯合國政府間氣候變遷專門委員會氣候變遷第五次評估報告（IPCC WGII AR5）所引用。

客人數銳減。

漢米爾頓推測，德國人到南歐旅遊的頻率將逐年降低，留在國內旅遊的人數將持續增加。也就是說，全球暖化驅動了旅遊族群往高緯度及高海拔的國家移動，這也意味著旅遊產業收入的移動，對於原本就依賴觀光收入的國家影響極大。

第二，是高溫的環境**間接影響了自然環境**，降低了旅遊的吸引力。

澳洲大堡礁的珊瑚因周圍的海水升溫，導致大量珊瑚死亡。海水溫度逐年上升，已比平均值高出4℃。《自然》期刊（*Nature*）的研究指出，2016年水下熱浪導致三分之一的珊瑚白化，至今已有約半數的珊瑚**死亡**。在2021年時，它還差點被聯合國教科文組織（UNESCO）降級列入「瀕危」世界遺產。

大堡礁珊瑚的減少將嚴重影響遊客造訪的意願。CNN報導指出，大堡礁每年吸引200萬遊客造訪，創造64,000個就業機會，並為澳洲經濟帶來約64億美元收入。目前，附近的聖靈群島（Whitsundays）上的遊客數量已經下降了50%，嚴重影響旅遊產業收入。

京都櫻花的開花高峰日期則因氣溫的上升而提早。在日本，預測櫻花的開花日（開了5-6朵）及盛開日（開

了80%）是生物氣象學的重要訊息，也都有做完整的紀錄[註2]。在1850年代，盛開日期為4月17日，但近年已經接近4月5日，主要是由於京都升溫達3.4℃，溫暖的春天會使得櫻花**較早開花**，2021年的盛開日更提早到3月26日，這是有紀錄的1,200多年以來最早的一次，相關研究也指出都市高溫化是櫻花提早盛開一個重要的因素。

「櫻花的開花期大概只有一至兩周，我記得三、四十幾年前在學校參加大學的入學式（大約每年的4月5日）那天，大概都有超過一半以上的機會可以看到吉野櫻綻放。」東京千葉大學的本條毅教授告訴我，「但這幾年幾乎都**看不到**了，因為櫻花提早開花，入學式時花都謝了。」

「日本人通常是在3月底或4月的第一周前往賞櫻，對當地而言是很大的觀光產業收入，如旅館、餐廳、計程車司機等。然而，這幾年櫻花盛開日常常提前，國外遊客很難提早規劃旅程，或者被迫取消旅遊，這些都會影響在地的**觀光收益**。」

那麼，在台灣呢？氣候可能對哪些活動造成影響呢？

註2：大阪府立大學研究員青野靖之針對山櫻（*Prunus jamasakura*）在京都的盛開日紀錄，進行詳細的分析。本條毅教授提醒我，日本比較普遍種植的是染井吉野櫻（*Prunus yedoensis*），與山櫻相比是較新的品種。關於山櫻的盛開紀錄，已經從11世紀的平安時代（桓武天皇將首都由奈良移到京都開始）維持了一千多年，是生物氣象學上十分重要的紀錄。

　　首先是夏季高溫造成旅遊景點的熱壓力。中南部沿海的自然景點，例如屏東的墾丁、雲嘉南的濱海風景區等，遊客會長時間暴露於戶外，就可能會造成較大的衝擊。我們研究團隊先前曾協助**雲嘉南風景管理處**進行旅遊氣候的分析，發現大面積的空地、廣場、停車場的高溫化，確實造成了遊客的不舒適，影響重遊的意願，後來風管處也做了一些遮蔭設施來改善這個狀況。

　　市區觀光也可能是另一個高溫熱點，因為都市熱島效應，六都的市區在夏季時幾乎都比郊區至少高了2.5℃以上，都市的低風速及人工材料輻射熱釋放，更加劇人體熱不舒適性。我們團隊在台南市的**孔廟**觀光路徑也發現，有些路段缺乏騎樓及植栽，顯示高溫的熱壓力極大，也會降低遊客的滿意度。

　　其次是冬天縮短而造成某些類型的旅遊活動不若以往受歡迎，例如**溫泉業**，如果未來台灣幾乎沒有冬天，溫泉業的經營勢必會面臨挑戰。

但是，旅遊業同時也是造成
全球暖化的元兇之一

　　和一般工業相比，觀光業沒有造成直接的汙染，以

前人們常常稱之為「無煙囱工業」。然而，如果把旅遊中直接排放的碳（如飛機與汽車等交通工具燃燒的石油）以及歸因旅遊的間接排放的碳（如住宿、活動、飲食、購物的用電、燃燒、製造所排放的碳）加總起來，觀光業大概就占了全球8%的碳排放量。

而這些旅遊所衍生的巨大碳排放量中，以**交通**所占的比例最高[註3]，其次為**旅館**及**活動**。

如果以遊客國籍的觀光碳排放量（含國內及國際旅遊）大小來排序，美國人因觀光所排放的量高居第一，其次為中國、德國、印度。如果以國際觀光路線的碳排放來排序，則以加拿大及墨西哥前往美國觀光的這兩條路線最高，占了全球2.7%的觀光碳排放量。

值得注意的是，**高收入**國家和高收入遊客，都會造成較高的碳排放量。然而，中等收入國家——特別是中國，在人均觀光碳排放增長率則是最高，達到每年17.4%，這對於未來全球的碳排放也是一個值得留意的問題。

註3：交通工具的碳排量，會與它能乘載的人數（可乘載愈多人，則每人分擔的碳排放量就愈少）、使用能源的效率（油耗量愈少，則碳排放量愈少）有關，它的計算單位是每人每公里（即每延人公里）的二氧化碳排放量（kg-CO_2/p-km）。依行政院環保署統計，機車為0.046（傳統）及0.025（電動），小客車為0.173（油車）、0.088（油電）、0.078（電車），公車及捷運為0.04，台鐵為0.06，高鐵為0.038，飛機為0.19——是所有交通工具中碳排放最高的。

交通工具方面，搭乘飛機在全球觀光碳排的占比最高，約占25%以上，而且當飛行的距離**愈遠**，所占的比例愈高。我們曾針對國外來台觀光客的碳排放量進行調查，來自東南亞的旅客每人的碳排放量約是300公斤，但來自歐洲及美國的旅客則高達1,400公斤以上，其中超過九成的碳排放量是搭乘飛機所造成。一趟從台灣到日本一周的旅遊，光是搭乘飛機所產生的碳排放量，大概就占了總旅程碳排放量的八成以上；而長程搭機往返台灣及美國一趟，幾乎就用掉了你全年碳排放量的**兩成之多**[註4]！

極度仰賴飛航的瑞典，也開始有了新的環境倡議。瑞典位置偏遠十分需要飛航，但從2018年起，一群注重環保的瑞典人發起了拒搭飛機的活動，甚至新創「**飛航羞恥**」（Flygskam）這個名詞，來形容瑞典旅客對於搭乘飛機產生的罪惡感。

二氧化碳排放量的增加，將間接導致地球氣溫的上升，我們在第四章會有更進一步的討論。

註4：搭機從台灣到美國來回一趟會排放多少二氧化碳？以台灣桃園至美國紐約直飛航班飛行距離12,545公里來計算的話，二氧化碳的排放量2,384公斤。如果以2018年台灣人均二氧化碳排放量12公噸來比較的話，搭機往返台灣及美國的二氧化碳排放量，約為台灣人均值的19.8%。

輕鬆實踐氣候調適及減緩的旅遊

　　氣候與旅遊之間存在著明顯的交互影響及衝擊：氣候的變化影響了旅遊的品質，旅遊的活動也影響了二氧化碳的排放，進而升高地球溫度。在台灣，許多景點正受到高溫、乾旱、極端降雨、海平面上升的嚴峻挑戰；另一方面，人們對旅行仍然有渴望，經濟也需要觀光來提振。我們有沒有辦法能做點努力，讓遊客能減緩觀光對氣候的衝擊，也讓旅遊業能調適氣候造成的改變呢？

　　首先，是觀光客可以選擇「**對氣候負責任**」的旅遊方式，也就是儘量減少交通、旅館、活動的碳排放量。

　　交通工具通常占整趟旅遊最多的碳排放量。縮短旅遊距離是根本之道，但也許不切實際，我們可以儘量選擇多一些人共乘的交通工具。例如搭高鐵、火車、遊覽車，就會優於小客車。這是因為愈多人搭乘，每個人所分擔的碳排放就會愈少。

　　與趕景點走馬看花的旅遊方式相比，Long Stay是比較減碳的方式，也就是在一個景點停留長一點的時間。短短三四天就繞台灣一圈的旅遊，每天的行車距離都很遠，搭車時間很長，衍生的碳排放會很驚人；如果這幾天都停留在一個景點，縮短搭車的時間，每天的碳排放量就會降低很多。

　　旅館的空調、照明、電器用電、熱水燃油，以及大型旅館

的游泳池、三溫暖、健身房等設施耗電,則是第二種造成碳排放的原因。住宿設施愈簡單的旅館,每晚的碳排放就會愈少,而在旅館內設定適切的空調溫度,節制熱水使用量,不浪費備品及減少毛巾床單的更換,都有助於節電減碳,珍惜用水及資源。

活動則是旅遊中的第三種碳排放。沿著湖邊散步幾乎沒有碳排放,但如果是搭船遊湖、乘坐機械遊樂設施等,則需要燃油驅動引擎或設施,碳排放量便會上升不少。也就是說,像海上賞鯨、遊冰山、看極光這類觀察自然生態的活動,因為需要搭乘長程交通工具前往,在遊客沒有意識到的情況下,產生的碳排可能又加速了對這些自然環境生態的傷害。

其次,是觀光產業要有應對氣候變化的韌性,避免受到氣溫變遷及高溫化的影響。我們可借鏡歐洲滑雪業的例子,許多滑雪勝地已轉型成四季都能有吸引人的觀光活動,在台灣,高度依賴冬天的旅遊業,如溫泉、三溫暖、賞花、賞鳥等,也應思考如何在氣溫逐漸升高下,還能保有觀光活動的競爭力。

為了避免觀光活動造成氣候影響,也減少觀光活動受到氣候的影響,不論是遊客或觀光產業,大家都要有意識地面對挑戰,並思考應對之道。

消暑涼方 16 極端氣候衝擊下，人們喜愛的自然觀光景點可能會消失不見，選擇負責任的旅遊，在交通、住宿、活動減少碳排放，才能保護美景長存。

3-5

購物消費：
粉圓冰與糖番薯

住家附近街角有個廟埕，記得兒時有位終年頭戴斗笠、身穿白色吊嘎的歐吉桑，每天會在下午兩三點把他的小攤準備好開賣。夏天賣的是粉圓冰，冬天則改賣黑糖和麥芽熬煮的番薯，沒客人的時候他就躺在攤子旁的藤椅上打盹。

　　一個炎熱的夏季周末午後，我照例到廟埕裡吃冰。歐吉桑跟我說：「弟弟，這攤你幫我顧一下，我回家一趟打電話叫製冰行送一桶冰來。」我納悶地問他，碎冰不是還有半桶嗎？他說：「你不覺得今天比前幾天熱嗎？等一下客人一定會比較多啦，先叫一桶才夠用，沒碎冰我是要賣什麼？」冰送到後，客人果然絡繹不絕，攤邊擺放的木椅都不夠用了。

　　歐吉桑不只很會預測夏天的高溫，連季節更替的時段判斷也很精準。因為，他得決定什麼時候該把夏天的粉圓冰收起來，讓冬天的糖番薯登場。歐吉桑還會在改賣番薯的轉換期，把那個冰桶保留一段期間，讓入冬前還想吃點涼的客人，可以吃到加入冰中的熱糖番薯。這可是最令客人期待的冷熱交替時節的季節限定，至於期間維持多少並不一定，端視歐吉桑的直覺判斷。

　　記得當時學校制服都要依規定日期換季，一夕之間全校學生由短袖變成長袖，日期太晚或太早都會被學生抱怨。而歐吉桑對天氣的判斷，就比學校訓導主任公告的制服換季日精準多了。當那個閃亮亮的金屬冰桶華麗退場時，就宣告了這條街道

即將季節更迭，邁入冬天。

氣溫升高時，瓶裝綠茶需求量比茶葉高，小瓶裝礦泉水賣得比大罐裝好

　　氣溫的變化是種物理現象，影響了人們生理的機制，也改變了心理的期待。廟埕裡的歐吉桑深諳此道，利用這桶冰把他對氣候調適的功力發揮得淋漓盡致，反應在他銷售的商品上。

　　隨季節更替上市的粉圓冰和糖番薯就是典型的**溫度敏感**商品（temperature-sensitive products）。因氣溫的變化，而改變消費者對這個商品的需求，也影響商品的**銷售**。

　　氣溫的變化會影響消費者對這類溫度敏感飲品的需求。日本鳥取大學松田敏信教授和其研究團隊針對日本家庭對非酒精飲料的**需求**進行研究，發現當氣溫升高時，人們常飲用便利商店或自動販賣機販售的冰飲，如瓶裝綠茶、瓶裝咖啡、碳酸飲料，但氣溫降低時，消費者更喜歡在家裡自行沖泡熱的綠茶、紅茶和咖啡。

　　這種因氣溫而改變的飲品**需求**，也反映在飲品的**銷售**數字上。德國經濟觀察家弗里德黑姆・施瓦茨

（Friedhelm Schwarz）指出，隨著歐洲夏天氣溫的升高，**礦泉水**的銷售量逐年增加，在2003年歐洲熱浪最嚴重的那個夏天，礦泉水的銷量提升10%，很多超市的存貨都銷售一空。國際上許多研究也都指出，清涼飲料如碳酸飲料、礦泉水、氣泡水、果汁、瓶裝茶、能量飲料、運動飲料的銷售量，都會隨著氣溫的升高而增加。

無糖及香料較少的飲料，在升溫時銷售的增幅較大。美國邁阿密大學學者Nazrul I. Shaikh指出，當升溫時，天然果汁和低糖運動飲料，會賣得比含糖及香料量較多的碳酸飲料來得好。

更有趣的是，**小瓶**的飲品會賣得比大罐的好，而且是發生在秋季而不是夏季。透過氣候資料的分析得知，希臘四季的氣溫都比以往高，其中秋季的增幅最大。較暖和的秋天將吸引更多當地民眾進行戶外活動，人們會傾向購買小瓶裝礦泉水，比較方便攜帶外出，因而帶動秋季時小瓶飲品的銷售。

那麼，在台灣的狀況又如何呢？

我們曾針對以三家位於非直轄市的中型便利商店的瓶裝飲料（含礦泉水及茶飲）數量進行調查，氣溫每上升1℃，一家店每天平均就會多賣出4瓶飲料，如果以台灣12,000家便利商店來計算，幾乎一天就多賣了5萬瓶飲料。

然而，並非每種飲料品項的銷售量都會隨著氣溫上升而增加，我們發現礦泉水銷售量受氣溫的影響最大，其次是無糖

的綠茶及紅茶，但奶茶銷售量幾乎與氣溫變化沒什麼關聯。這個結果和國外的結果一樣，氣溫愈升高，那些口味愈純粹**簡單**的飲品，就會比香料、糖分含量高的飲料賣得好。

含酒精飲品在太熱時，銷售量不升反降

在所有酒類之中，啤酒的銷售受高溫影響最為明顯，氣溫提高也代表啤酒產業的興盛。

升溫的影響也反映在**美國**各州的酒類銷售數字上，高溫區域尤其明顯。當平均氣溫上升10℃時，每周的啤酒銷量會增加10.2%左右，而且在南部較熱的州更為明顯，氣溫每上升1℃，可使商店平均多賣53.3升啤酒。

印度報導也提到，當地啤酒銷量隨氣溫飆升，近60%的啤酒銷售量發生在夏季的5月至7月間。這個期間，印度幾個大城市的氣溫都徘徊在40-45℃，啤酒市場連續第3年呈現兩位數成長，專家更預測未來20年啤酒消費量將增長25倍以上。

德國是熱愛啤酒的代表，年產值80億歐元（約100億美元），再加上像慕尼黑啤酒節等活動的推波助瀾，創造出極大的觀光商機。2018年天氣炎熱，啤酒廠連酒瓶

和木箱都快不夠用了，有啤酒廠就在社群媒體中呼籲民眾，喝完啤酒後應盡快歸還空瓶，來解決酒瓶不足的問題。

不過德國也發現一個有趣的現象，當天氣達到極度的高溫時，啤酒銷售量**不增反減**，人們反而轉向購買更多的礦泉水——這才是**真正能解渴**的飲品。

減量及輕薄是未來高溫下的衣著趨勢

除了食物及飲品之外，衣著也是對於氣溫很敏感的商品。從熱舒適平衡的理論來看，衣著愈少愈能加快身體的散熱。所以當氣溫上升時，愈是**輕薄**的服飾會賣得愈好，反之，厚重衣物或額外保暖配件的銷售就有負面的影響。

一般而言，進入夏季時會觸發消費者對衣著的需求，因為你發現衣櫃裡沒有適合炎熱夏天的衣物。以倫敦2009年夏天為例，紡織品、服裝和鞋類銷售額當月增長4.7%，為當年度最大漲幅。此外，連續嚴重的高溫熱浪，也會讓一些衣著品項的銷售更加突出，倫敦2018年夏季的一波熱浪侵襲，就讓較輕薄的**連衣裙、低筒小白鞋**的銷售量增加，**涼鞋**更是銷售表現最好的類別。

除了氣溫影響衣著銷售外，室內空調溫度設定的政策也對衣著有潛藏的影響力。日本政府從2005年開始推動Cool Biz

（Cool Business 縮寫）的計畫，也就是涼爽的商業辦公空間，主要是倡導將辦公室空調設定為28℃，同時讓上班族可以在夏天穿便裝。

這個政策推動後，在辦公室穿西裝及繫領帶的人比例大幅減少，連帶影響了百貨公司的領帶銷售量。但百貨公司的反應也很快，成立了Cool Biz專櫃，專門提供輕便涼適的服飾，反而帶動了男裝的成長。

「說真的，空調設定為28℃實在有點熱！」潘振宇老師告訴我，他回想起在日本工作時辦公室的狀況，「早上一進辦公室，溫度的初始設定就是28℃，大家只能暫時忍耐，開啟風扇，調整衣著。在公司內部會議及接洽業主時，對於輕便的衣著也有比較大的包容性。」

這項政策，無疑是日本傳統社會中對於正式服裝要求的重大轉變。後來甚至放寬標準，准許員工穿著更涼爽的衣著上班，例如polo衫、運動鞋，現在沖繩縣廳的公務員甚至可以穿開襟短袖的花襯衫呢！

高溫的危機是創意的轉機

飲食及衣著的轉變，就是人類適應氣候的最真實寫照，生物本能會讓人類想要找方法解決自己的不舒適。

連嚴謹的日本人都願意改變穿著的習慣，顯見氣溫的驅動力如此強大。換個角度來看，也印證了人類對於氣溫的調適力這麼有彈性。

日本還有專門呼應夏天降溫的特賣會「**猛暑對策展**」，氣溫調適產品五花八門。你會看到架在脖子上的攜帶型電風扇、背部有設置通風扇的T恤及夾克、褲子電風扇、大型噴霧器、增加鹽分的消暑瓶裝水。台灣人頭腦靈活點子多，一定可以為夏季降溫找到更節省能源、更有創意的**無限商機**。

 氣候變化使得一些商品銷售量增加，但也有些行業因此受到衝擊。正視氣候造成的危機，相信創意能為產業找到轉機。

第四章

幫地球降溫

4-1

發電方式：
山上又脆又甜的高麗菜

這天晚餐有一道炒高麗菜。它號稱是「國民蔬菜」，出現在餐桌上從不令人意外，有接近八成的台灣人每周至少吃它一次，它也總是高居十大熱炒店菜品第一名。

　　「這盤高麗菜好脆好甜，產地是哪裡啊？」我好奇地問，今天的口感很不一樣。氣候與環境應該是影響食物口味的關鍵，所以我常會想知道它是打哪兒來的。

　　「你吃得出來喔？嘴真刁！」母親走進廚房，拿出另一半生的高麗菜指給我看：「菜販說是從阿里山運下來的。你看這顆的形狀比較尖，葉梗比較脆，剛剛用刀切半的感覺就很不一樣。」

　　「聽說山上比較冷，甜度就比較高。」太太接著說，「高山的一斤就比平地的貴了二十幾元呢！」

　　「我看是菜農把平地生長的高麗菜運上去的啦，」兒子馬上吐槽：「因為再賣回平地時含了來回車資，當然就要賣你貴一點啊！」

　　一陣笑聲中，高麗菜倒是讓我回想起《看見台灣》紀錄片的一幕畫面。當鏡頭從2,000公尺高海拔的常綠闊葉林，慢慢移向一旁光禿禿的土地時，只見一台怪手正奮力地鏟著枯黃土壤，看似準備耕種茶葉及高麗菜。

　　「只因為挑嘴的人說，每高一公尺，滋味就可以甜一分。」擔任旁白的吳念真是這麼說的，「於是菜園愈爬愈高，

山地也變成農地。」餐桌上高山高麗菜的脆甜口感，代價是幾百公里外的環境改變。可能是樹林的消失、坡地的崩塌、生態的危機、聚落的安全，但因為離我們很遠，我們很難察覺，或視而不見。

「看得見」，是這支空拍影片帶來的重要價值。它讓我們看到環境的改變，讓我們在震驚及不捨之餘，重燃起對土地的關懷情感，進而去理解環境改變的背後成因，最後驅動政府、產業、民眾在發展、施工、行為上的改變。

電力，看不見的衝擊

電力，也像那口又脆又甜的高麗菜，當你在住家內享受電力帶來的便捷、舒適、愉悅生活的同時，遠處電廠的周邊，正在付出環境改變的代價。只不過，和高麗菜對環境的影響比起來，這個代價發生的地點更遠，影響的範圍更大。

最令人不安的是，你其實**看不見**環境的變化。

就先以火力發電為例吧，它是將化石燃料（如石油、天然氣、煤炭）燃燒，用來加熱一個大鍋爐內的水。就像燒開水一樣，會產生壓力很大的高溫蒸汽，來

帶動發電機組的運轉，然後將它轉換成電力，輸送到各地。

　　火力發電會產出的汙染物質多得說不完：懸浮微粒（PM2.5、PM10）、氮氧化物（NOx）、硫氧化物（SOx）、臭氧（O_3）、重金屬等，不過，大部分的有害物質可以透過設置環保設備，來改善發電過程所排放的汙染物質，以符合環保標準。

　　然而，即使我們用盡所有方法，讓火力發電帶來的空汙降至最低，有一種氣體仍是化石燃料在燃燒時一定會產生，也很難消除的，那就是二氧化碳。

　　二氧化碳不算是汙染物，因為人類和其它動物每天呼出的就是它，你喝下的可樂、汽水裡的氣泡也是它。二氧化碳是一種溫室氣體，雖然它在大氣中的占比非常低（見1-2節註2），但正好促成了天然的溫室效應，這對地球的生命是有利的，因為它讓地球保有剛剛好的溫度。

　　不過，進入工業化時代後，因人類密集的活動，工廠、電廠、畜牧場、車輛等，會大量排放**人為溫室氣體**，造成地球升溫。這種**人為溫室效應**的成因，有高達76%是來自二氧化碳，而這其中又有85%是火力發電產生的，也難怪火力發電被視為地球升溫的罪魁禍首。

　　即使是看得見的高山土地變化，市面上販售的高山蔬菜、高山茶仍然十分搶手；更別說火力發電產生的二氧化碳，連看

都看不見，難怪人們總是不太在意。

發電的方式決定碳排放量

在不同的發電方式下，碳排放量有又什麼差別呢？

先談碳排放量較高的**火力發電**。火力發電包含了天然氣、燃油、燃煤等，各種發電方式的碳排放量也大不相同。其中，天然氣的碳排放量最低，大概只有燃油的65%，燃煤的50%。也就是說，假若火力發電是排碳元兇，天然氣只能算是小咖的角色，而燃煤就是導致地球升溫的大魔王了。

再生能源可說是對地球最友善的好朋友了。來自大自然的能源，如太陽能、風力、潮汐、地熱、水力，因為取之不盡、用之不竭，能夠循環再生，因此稱它為再生能源。因為過程中沒有人為的燃燒，所以碳排放量很低。可以說，一個國家採用再生能源的比例愈高，每度電的碳排放量就愈低。

通常每個國家都會採用多種發電方式的**組合**，這又會對於整體用電的碳排放量有什麼影響呢？

台灣的用電量有八成依賴火力發電，其中燃氣約占全國總發電量的43%，略高過燃煤35%。每產生一度電，

會排放0.502公斤的二氧化碳——這個數值我們稱為「**電力排碳係數**」。

由於每個國家的發電方式與組合不同，因此這個數值在每個國家都會不同。舉例來說，印度以火力發電為主，燃煤就占了70%以上，電力排碳係數是1.37，瑞典水力發電占42%，其它的再生能源占比32%，電力排碳係數就只有0.08。

電力去碳化是全球各國的共同目標，也就是在發電方式上減少火力發電，增加再生能源。目前台灣電力排碳係數已經由2005年的0.555，逐年下降至2020年的0.502，不過，這在全球中仍屬偏高，再加上台灣的人均二氧化碳排放量是12公噸，是全球平均值（4.4公噸）的兩倍以上，為世界前30大碳排放國，還是得持續努力。

你願意為再生能源支付較高的電費嗎？

火力發電的成本比再生能源低廉許多。目前台電公司若是自行發電，每一度電的**發電成本**，燃煤是1.6元，風力是2元，太陽光電是2.9元。若是購入民間業者所發的電力，因為要考量其建置成本及合理利潤，風力發電更將提升到5.1元，太陽光電是4.9元[註1]。

當再生能源逐漸取代火力發電時，電價勢必上升。

　　德國再生能源占比已到達一半，電費幾乎是台灣的三倍之多。再生能源仍持續擴展及開發中，我更好奇的是，除了國家的政策主導之外，當地的民眾是怎麼想的？

　　「在德國你收到電費單，裡面會列出**幾個選項**，每個選項都有電力提供的公司，他們發電的方式組成（如煤炭、天然氣、水力、太陽能、風力等），以及每一度電的價格等訊息，還可以上網選擇。」安得烈告訴我。

　　大部分的人不就是選最便宜的嗎？我好奇地問。

　　「嘿嘿！」安得烈有點戲謔地朝我笑了幾聲，「這話不該是由你這種提倡綠色建築、淨零排放、都市退燒的學者口中講出來的吧！不過我也曾經問過我太太，同樣也被念了一頓。」聽他這麼一講我也笑了。

　　「大部分德國人，都會適量或全部採用再生能源。像我們家就選擇了弗萊堡附近的水力發電。」他難得地用嚴肅的表情，解釋給我聽：「雖然電費比較高，但我相信**當愈多人購買**時，他們的容量及技術就可以擴大及發展，屆時價格也會愈便宜。未來我們就可以享受到較

註1：整理自台電公司110年度自編決算的各種發電方式之發電成本。唯111年受國際情勢影響，化石燃料的發電成本大幅增加，與再生能源的價格差距已大幅接近。

低的電費，還能維持空氣品質，對我們自己也有幫助。」

安得烈並非少數特例，一些在歐洲的友人也大多這麼回答我。在歐洲許多國家的民眾都具備這樣的環境意識，這也是歐盟綠能得以推動的重要基石。

你願意付出較貴的電費來支持再生能源，減少二氧化碳排放量嗎？這就好比是問你願不願花更多錢，來購買平地的高麗菜，以杜絕高山的高麗菜對環境的影響。這是困難的問題，但也是面對氣候變遷、地球暖化下我們無法迴避的必考題，就得看我們有多少的**決心**，來減少電力對於遠方造成的環境衝擊。

 火力發電的碳排放是地球升溫的主因，發展再生能源以達到電力去碳化，則是全球淨零路徑共同目標。

4-2
土地利用：
煎餅和晚餐的取捨

住家附近的廟埕除了有賣粉圓冰的歐吉桑，還有一家賣包菜肉內餡現做煎餅的流動式小攤，生意很好，從我高中時期營業至今，也三十多年了。幾年前小攤移至大馬路邊，媒體報導後排隊的人潮更多了，在地老主顧想吃還得與慕名而來的觀光客搶食，愈來愈難買到，真希望不要有更多人知道這道地方美食。

　　老闆娘每天下午三點營業，就在小攤上用木棒現擀麵皮，嫻熟地把高麗菜、冬粉、蔥花、豬肉末放入小麵團內，壓平後雙手拍打出煎餅的形狀，將它輕輕滑入黑色淺油鍋內半煎半炸。

　　炸好的煎餅攔在金屬網上瀝乾油分，過一會兒就會變得金黃酥脆。有幾片側面會被割開一個小洞，恰好可以讓荷包蛋能穩當地塞到裡面。熟客如我會拿起攤上裝填的特製甜辣醬油針瓶，插入煎餅的側面緩緩注入，煎餅搭配醬料風味絕佳。

　　每當下午四五點路過這裡香味撲鼻，總掙扎著該不該買一個來大快朵頤。

　　胃就這麼點大，在煎餅和正餐之間總得做些取捨。吃了煎餅，怕等一下會吃不下正餐，影響均衡營養的攝取，還對不起用心烹煮晚餐的家人；但如果忍住不吃，壓抑當下被撩起的食欲，就得帶著一絲遺憾回家，實在空虛。

兩難：再生能源及環境保育

因為胃容量有限，正餐和零食之間我們得做選擇，這是維持健康及滿足嘴饞之間價值的拉扯，我們稱它為**權衡**（trade-off）：當達到一個目標時，卻阻礙了另一個目標的達成。

和生活一樣，土地該如何利用，也是一種權衡。

因為土地面積有限，我們一旦選擇使用其中一種型態，使用另一種型態的機會勢必就會減少。究竟要保留自然原貌，或是要進行人為開發？是高強度的開發，或是低密度的發展？

臺北大學都市計劃研究所黃書禮教授告訴我，「有時候一個立意良善的政策，如果沒有整體的引導策略，反而會造成另一個**意想不到**的問題。」黃老師是國內研究都市化與環境變遷、土地的權衡與綜效權威，他透過大量數據的計算，發現都市發展中許多耐人尋味的結果。

「為了改善淹水問題，大量興建堤防，反而造成更多的碳排放量；為了降低車輛通勤造成的碳排放量，捷運路線拓展至郊區，緊接而來的卻是更多的土地開發。」黃教授憂心地說，「如果沒有做好都市的成長管

理，當都市邊陲地區的環境改善後，反而帶動新的重劃區開發，使城市持續擴張，這也是一種權衡，該審慎考量。」

當我們想幫地球降溫時，也同樣會遇到這種選擇上的兩難。

在郊區的自然土地中，植栽能蒸散水分，土壤也能透水，具有最佳的降溫條件。不過，這些區域因四周空曠，建築物造成的遮蔽較少，也是設置太陽能板的理想場所。

自然土地、再生能源都有助於地球降溫，但做了其中一項，就可能阻礙了另一項的目標：保留土地原貌，而面臨再生能源設置面積不足的問題，我們將繼續仰賴高汙染、高碳排的火力發電；如果把土地開發為再生能源使用，又失去了自然土地原有的許多價值[註1]。

「以前，如果要評估一個開發案是否對環境產生影響，大多是從『是否會**產生負面衝擊**』來衡量，例如有沒有汙水、廢氣、有害廢棄物的產生。」黃老師倒是樂觀地看待，「但是以環境影響評估的思維已經逐漸改變了，現在會從『是否會**降低正面助益**』的角度來衡量。」

註1：這種價值及效益，可以稱為「生態系統服務」，就是一塊土地對人類直接或間接的正面助益，包含支持（如土壤、養分）、供給（如食物、能源、飲用水）、調節（如降溫、防洪、淨化）、文化（如遊憩、教育、美質）四大項。例如森林及河川就具有環境降溫、涵養雨水、淨化空氣、吸收碳排、提供棲地、食物供給、觀光旅遊等種種好處。

為了要達到電力去碳化，我們需要大量的土地來設置太陽光電板——覆蓋面積相當於三個台北市面積那麼大[註2]，「再生能源」及「環境保育」之間未來恐將面對困難的權衡。

因此，在自然環境中設置再生能源設施時，我們也得檢視這片土地在開發後，是否改變了原有的功能及價值，並思考要如何維持或改善其價值。這些都是必要的權衡，也將是國土永續發展上的關鍵議題。

雙贏：屋頂型光電設置

為了能順利吃到那片煎餅，後來我想了一個妙招。

當天我事先告訴家人，晚餐我會買兩三片煎餅加菜，其它菜就煮少一點、清淡一點。晚餐的桌上，多了一盤切得像月亮蝦餅、擺盤精美的煎餅。這樣一來，不僅兼顧了均衡飲食及嘴饞滿足的需求，還讓全家人都吃得開心，我也額外得到一個為大家排隊加菜的美名呢！

註2：在臺灣2050淨零碳排路徑中，再生能源將占總電力之60-70%，其中，太陽光電在2025年累計設置20GW（百萬瓩），2030年30GW，而到2050年設置裝置量將達到40-80GW，經換算需要4萬到8萬公頃的土地做為興建的場址——這是極為龐大的面積需求。如果以台北市面積2.7萬公頃來計，這些太陽光電板面積相當於三個台北市這麼大。

嘗試在兩個看似衝突及零和的選項中，找出一種方式來破除限制，造成雙贏的結果，這就是**綜效**（synergy）：當達到一個目標時，可以同時達成另一個目標。

讓我們再回到再生能源及環境保育，這兩個看似衝突且需要權衡及取捨的議題。若以綜效的觀點，能不能想出什麼策略及手段，可以同時達成這兩個目標，或至少對另一項的衝擊能降到最低？

屋頂型光電，就是最佳的再生能源設置的方式。建築的屋頂原本就為了居住的需求而存在，將太陽光電板設置於此，對環境的衝擊最小，還能為建築屋頂多加一層遮蔽物，提升了隔熱、節能的效果。

建築物的型態眾多，如停車場、體育館、加油站、工廠、購物中心這類有大面積屋頂的建築，最適合設置屋頂型光電板。如果是住宅及商業區用地，通常被切割得很小塊，土地權屬分散複雜，再加上頂樓加蓋的鐵皮屋參差不齊，很難有效整合大量的屋頂進行光電板的設置，施工上也較不便。

屋頂型光電仍有一些挑戰，例如可能被鄰近的建築物遮擋了日射，或反射了太陽光，造成鄰近居民的干擾等，但因為對於自然環境的衝擊相對較小，故在政策上也多有應用。

溝通：讓利害關係人一起參與決策

有年夏天，我的研究室在西部濱海的節慶市集擺攤，展示我們如何與在地蘆筍青農協力，提出讓蘆筍溫棚降溫的技術以提高生產量，來協助在地產業因應環境變遷[註3]。

堤岸旁有些聲音，我走出去一看，才知道是當地漁民高舉白布條表達他們對光電板的立場。外來業者大量收購或租用土地來設置光電板，使得漁民擔心租不到土地進行養殖，影響他們的**生活**。

高溫環境因應、再生能源發展都是要為地球降溫，但在這兩個例子中，並非只有大學研發團隊、政府主管機關、再生能源業者是主角，能夠影響這件事的人，以及會被這件事影響的人，也都應該一起參與。

農棚技術的改良，會讓更多青農返鄉經營，但也可能讓小本經營的傳統農夫難以競爭；再生能源的發展，會帶來新的綠能工作機會，但想經營養殖的漁民難以為

註3：以前蘆筍是種在戶外，因為受到天氣及病蟲害影響，所以漸漸發展出將蘆筍種植在簡易型的溫棚中。然而，溫棚在夏天會嚴重蓄熱，過高的溫度使嫩莖開芒影響口感及賣相。團隊成員楊馨茹、洪國安和在地青農充分合作，嘗試將低溫的冰水盤管導入土壤局部降溫，增加夏天的產量，而且成本低廉並容易操作。

生，年輕漁民也因租不到漁塭土地而離鄉。

　　不論是農漁業技術改良，或是再生能源的設置，都會造成地景的改變。大自然環境與人類生活方式的交織下，創造了鹽田、蚵棚等**豐富地景**；傳統的淺坪式魚塭，則讓候鳥前來覓食及棲息，創造出**生物多樣性**的環境。

　　當這些特殊地景風貌不在，減少的遊客讓觀光業首當其衝，在地居民的記憶與認同也隨之消失。他們都是這件事情的「利害關係人」（stakeholder），當土地利用有重大決策要進行時，都應該要充分與他們溝通，一起參與決策。

共同思索各種選項下的代價

　　讓我們再回到那片煎餅，看看每個利害關係人的目標是什麼。我希望能吃到煎餅，但也希望和家人共進晚餐；準備晚餐的人，希望大家有胃口吃晚餐、營養均衡；一起用餐的家人，除了吃飽飯，還希望能愉快地聊天互動。

　　煎餅和晚餐的決策，因為都是家人，稍做溝通便能滿足大家的需求。

　　土地就不同了，每個利害關係人可能都有不同的目標，或各自堅持的價值。有些為了環境，有些為了利益，有些為了生計。選項之中可能存在著衝突，也必須付出一些代價，在我

們提倡能源及低碳轉型的同時，有些人的權益勢必會受到影響，如何兼顧公平與正義，也是一個必須面對的課題。

經過充分的溝通，我們總是能想出一些辦法。

即使是重要的溼地，也並非完全不能利用，在**明智利用**（wise use）的精神下，我們可以進行耕種養殖、觀光旅遊、環境教育、社區發展[註4]；即使是可以推動漁電共生的區域，我們仍需進行**環境與社會檢核**，可以排除爭議區位，還能確保在發電之餘，能兼顧生態環境及養殖收益[註5]。

也許你覺得土地利用似乎都是政府擬定政策，開發單位辦理，如果你不是這個開發案的利害關係人，好像

註4：國際《拉姆薩公約》（Ramsar Convention）不僅在保護溼地，也提倡以「明智利用」為原則。在我國的溼地保育法中也依循此精神，將明智利用定義為「指在溼地生態承載範圍內，以兼容並蓄方式使用溼地資源，維持質及量於穩定狀態下，對其生物資源、水資源與土地予以適時、適地、適量、適性之永續利用。」

註5：依台灣現行規定，裝置容量2,000瓩以上者，且位於國家重要溼地之太陽光電電廠開發案，始需依法進行環境影響評估。而針對「可優先推動漁業經營結合綠能之區位範圍」，則需進行「環境與社會檢核」，解決太陽光電設置時遭遇的生態與社會爭議，以確保漁電共生之光電設置與社會及環境共存共榮，排除爭議區位，進而保持生態環境功能與確保養殖收益。漁電共生是指將太陽光電板設置於魚塭之上，在發電的同時還能確保養殖漁業的發展。

與你的關係不大。

事實則不然，你的**環境意識**，在國土永續上扮演最重要的角色。你對環境保育的知識與理解，以及對土地產生的認同及情感，是最難得也是最重要的，足以撼動國土政策。

未來，再生能源與環境、社會問題之間的權衡及取捨，低碳轉型過程中，如何兼顧公平與正義，需要更多的資訊揭露，更多參與討論，絕對是不好走的路徑。如果能有這樣的環境意識為基礎，以基於自然的方案，配合明智利用的原則，國土能永續發展，地球也才能降溫。

 土地應兼顧再生能源及環境保育的雙贏，同時讓利害關係人一起參與決策，明智利用每塊土地。

4-3

建築節能：
從埃及草紙到平板電腦

冬天早上溫暖的太陽，傾斜地晒入我房間的窗戶。我坐在窗邊的沙發上，拿著平板電腦閱讀剛從圖書館下載的電子書，用觸控筆標示重點及手寫註記，一旁放了剛泡好的熱茶。

我們是如何書寫及閱讀的呢？

西元前3000年，古埃及人用紙莎草的莖去皮、切片、浸泡、壓實、乾燥後做成了紙張，把天然的顏料做為墨水書寫。西元1595年，在英國莎士比亞寫《羅密歐與茱麗葉》之時，雖然已有突破性的造紙與印刷技術，但造紙與印刷的工作都還是靠人力進行。

幾千年來，書寫及閱讀過程人多是使用自然的資源，幾乎沒有能源消耗及碳排放。

直到1760年工業革命開始，瓦特改良了蒸汽機，燃料驅動了機器的運作，不只取代人力，也能產生電力。隨著技術進展，除了傳統的書本與紙筆之外，平板電腦、手機、電子書閱讀器讓我們可以在任何時間及地點進行書寫及閱讀。

這台平板電腦的能耗及碳排，在還沒送到你手上時就開始了：從礦砂開採、零件加工、產品運送等，都需要耗能及排碳；當你平常使用它時，當然也得供電才能運作；有一天當你要揮別它時，別忘了產品拆解、掩埋、焚燒也都有能源使用及廢棄物的產生。

這樣看來，電子書雖可以減少森林砍伐，但可不一定比閱

讀紙本書來得節能減碳。這就像是中秋節烤肉時,使用插電的無煙烤肉爐,也不見得比木炭烤肉還要減碳[註1],我們得從產品的時間歷程環節仔細計算才知道。

我其實喜歡翻閱紙本書更勝於電子書,喜歡炭火烤肉而不是電烤爐,倒不是為了減少碳足跡,而是比較單純且**對味**。

建築是每分每秒啃食能源的巨獸

建築和這台平板電腦及電烤爐一樣,也要經歷「生產運輸」、「日常使用」、「廢棄回收」這三個階段——稱之為「**建築生命週期**」。如果把建築物的興建到拆除,比喻成一個人的誕生到死亡,建築生命週期讓我們能夠從「搖籃到墳墓」(cradle to grave)的思維,來思考建築物的能耗。

日常使用是建築物耗能量最多的階段,占了生命週

註1:要計算電烤肉爐的碳排放,得先從這個烤爐生產運輸、廢棄回收去評估,至於烤肉時的碳排放,則要從電烤爐功率及時間計算所需電力,再以一度電排放0.502公斤的二氧化碳來換算。原本我是想試算給大家比較參考,但其實真正難預估的是烤肉時間,一想到台灣民眾烤的食材琳瑯滿目——從一般的肉片、雞腿、青椒、甜不辣,到絲瓜蛤蜊、湯圓、雪餅、棉花糖,我最終還是放棄了。

期中60%至80%的耗能。一來是因為建築物使用壽命長達40年，二來是日常使用種類繁多。其中，在電力使用就占了90%以上，使用在空調、照明、電器三種類別；有少部分能源來自化石燃料，如瓦斯、天然氣、燃油，以供熱水及烹調使用。

有一次我隨著安得烈到德國氣象局的辦公室，等電梯時，他指著一張有彩色條及數據的標示看板告訴我。「這是建築能源護照，大部分的歐盟國家會依據歐盟頒布的**建築能效指令**（EPBD），實施建築能源使用效率的等級標示。」

他說，「在這個彩色條中，偏綠色代表節能，偏紅色代表耗能，你看這棟建築物的表現是位在於綠色段，代表這棟是比較節能的。」

建築物能耗是怎麼評估的呢？又如何判斷它是節能或耗能？

因為每棟建築物的面積不同，使用型態也不同，因此，為了要進行客觀評估，我們會把這一**棟建築**的全年用電量除以室內總面積，就可以求得這棟建築的「**耗能密度**」，即每平方公尺樓地板面積的全年用電度數[註2]。

然後，我們把市面上**所有這類建築**的耗能密度值取平均數（或中位數），就可以得到「**平均耗能密度**」。不同類型或規模的建築，就有不同的標準。

註2：耗能密度（Energy Use Intensity, EUI）為每單位樓地板面積每年的用電度數，即 kWh/m^2-yr。

簡單地說，「耗能密度」是**個別表現**，就像是一個考生數學考試的得分，「平均耗能密度」是**參考基準**，就像是全體考生數學考試的平均分數。如果一棟建築的「耗能密度」小於「平均耗能密度」，就代表這棟建築物的耗能比平均值為低，表現比較好。

就像各科考試平均值不同，各類建築耗能平均值也不一樣。

那麼，台灣各類型建築物的平均耗能密度是多少？依據2000年能源局各類建築耗能特性所整理出來的平均耗能密度，住宅及教室約在50以下，辦公室約110，百貨公司約400，而24小時營業的便利超商，因為有密集的冷藏冷凍空間，則高達1,200左右。

你可以從上述數據留意到，使用時間愈長，使用人數愈多，能源類型愈多的建築類型，建築耗能愈高。而這些數值，可以當作審視一棟建築物耗能與否的基準參考值，如果比這個基準值高，就是較耗能了。

從建築節能到淨零碳排

過去建築物倡導的是**節約能源**，也就是要減少「日常使用」階段空調、照明、電器的耗電量。如果建築能

夠減少50%的能源使用量（住宅為減少30%），就能稱為「近零耗能」建築了，這也是歐洲、美國、日本等先進國家共同的觀點，也是台灣訂定淨零建築政策的基礎[註3]。

不過，氣候變遷的壓力讓人們意識到，只減少建築耗能還是不夠，減少溫室氣體的排放量才是關鍵。那麼，要減量多少呢？

「全球溫室氣體要零排放。」比爾‧蓋茲說，「溫室氣體排放量不減到零，地球溫度就會持續升高。」他用了一個很生活化的比喻：溫室氣體的排放，就像開著水龍頭的浴缸，即使水的流速再慢，最終還是會溢出來。他認為，溫室氣體的**減排沒有用，零排放才是目標**。

許多國家接連宣布淨零排放的目標、時間及方法，很多企業也紛紛響應要在2050之前全部使用再生能源[註4]。

註3：我國也是依此精神訂定淨零建築政策，並參考歐盟的方式，是以2000年建築「耗能密度」的中位數當作基準值，經換算後製作「建築能效標示系統」，包含了1-7等級與最佳的1+級。新建的一棟建築物與這個基準值相比，如果可以節能50%以上（住宅為減碳30%），即可取得「1+」建築能效標示，代表達到近零耗能的等級；如果可以節能20%以上（住宅為減碳10%），則為4級，是綠建築的基準。由於住宅的耗電量原本就不高，再加上電費需自己負擔，人們在住宅用電會比較節省，故國內外對於住宅的節能及減碳率的要求較低。

註4：即RE100，這是由氣候組織（The Climate Group）與碳揭露計畫（Carbon Disclosure Project, CDP）所主導的全球再生能源倡議，匯聚全球最具影響力企業，以電力需求端的角度，共同努力提升使用綠電的友善環境；加入企業必須公開承諾在2020至2050年間達成100%使用綠電的時程，並逐年提報使用進度。

在電力、工業、運輸部門方面，因為屬於龐大的生產、製造、使用的系統化組織，只要訂好目標，就可以要求供應鏈上所有廠商及部門共同承擔，能按部就班逐漸落實淨零排放。

以運輸業的汽車為例，每個車廠每年就固定生產幾種型號，不同的駕駛人開同一型號的車輛時，油耗量也不至於差太多，這使得汽車在生命週期的碳排放不難評估，所以也容易管制。

相較於運輸部門，建築部門的淨零碳排評估及管制**就非常複雜**。建築物每一棟都是由建築師個別規劃、設計，所以每一棟建築物在「生產運輸」、「廢棄回收」的碳排都不同。同時，每棟建築的使用機能、外加電器、使用模式各不相同，「日常使用」的耗能及碳排差異甚大，這都讓建築難以合理評估，精準管制。

然而，建築物貢獻了全球37%的碳排放，**還高於**運輸部門的23%[註5]，使得建築要達到零碳的壓力十分沉重，而且迫在眉睫。

註5：依國際能源署統計，建築業的碳排放量占全球的37%，其中有17%來自住宅，10%來自非住宅，10%來自建築營造業（有計入鋼鐵、水泥和玻璃等建築材料）的碳排放。

零碳建築看起來和一般建築有什麼不同？

如果零碳建築是避免不了的趨勢，那麼，它看起來會是什麼樣子呢？是傳統木構造的低矮小房舍，還是有光電設施的高層大樓？

在這之前，我們得先了解達成零碳的遊戲規則。

政府間氣候變化專門委員會指出，淨零排放指的是在**特定時間**內，人為造成的溫室氣體排放量，扣除**人為移除**的量等於零。簡單地說，關於建築物的溫室氣體，要減少排放量，並增加移除量，兩者若是相等，就是淨零排放，也就是零碳建築了。

零碳建築的第一步，是減少建築的碳排放量。

我們可以從建築物生命週期的三個階段，來檢視它減少的碳排放量。竹、木構造將碳固存於材料之中，是一種最佳的建築材料，另外，建築物若採用輕量化的鋼構造，建築型態方正簡潔，部分構件先在工廠製作完成，都有助於「**生產運輸**」階段減排。在「**日常使用**」階段則要減少空調、照明、電器的耗電，除了最基本的建築外殼的設計（見第二章）之外，使用具有節能標章的空調、光源、燈具、電器等。而使用耐久性的材料減少更新次數，使用露明的水電管路系統便於維護，使用可回收利用建材延長材料壽命，則有助於「**廢棄回收**」階段的減

碳。

　　第二步，是增加溫室氣體移除量，以抵消排放量，達到碳中和效果。

　　移除溫室氣體最好且自然的方式，是利用植栽行**光合作用**吸收二氧化碳，把碳固存在枝幹之中。可以優先在建築基地內有自然覆土的地面庭園種植大型喬木，或是利用屋頂、陽台、牆面進行立體綠化，如果空地有限，也可以做基地外部的綠化補償——例如成功大學的綠色魔法學校，就是以安南校區的新植綠地做為碳中和的補償方案。

　　在建築基地內利用**再生能源**，也可以抵消原本電力的碳排放量。屋頂設置太陽能光電板，不但能發電還能節能，是最經濟且有效的減碳方式。不過，當建築基地內部設置再生能源的空間及容量有限，只好利用基地外部的再生能源（如風力、水力、太陽能、生質能等），依取得的再生能源憑證來抵消用電碳排。

　　回到這一節開始的問題。

　　如果是傳統木構造的低矮小房舍，因為木構造在「生產運輸」「廢棄回收」的碳排放都很低，所以能在日常節約能源，再搭配屋頂的光電板，就很容易達到零碳。而高層大樓因為生命週期中的碳排放已經偏高，除

了屋頂設置光電板外，也許還需要外購再生能源，才能達到零碳目標。

節能優先，再談零碳

假設有一棟位處熱帶的玻璃帷幕大樓，外牆沒有遮陽、玻璃隔熱不好、室內空調效率差，還設定極低的溫度，全年耗電量驚人，碳排放極高。為了進行抵消，屋頂蓋滿了光電板，還購買大量再生能源憑證，最後達到碳中和，成為「零碳建築」——做到極致也許還能達到「負碳建築」呢。

你應該也覺得**哪裡怪怪的**吧。

使用合理能源與攝取適量食物是類似的觀念。暴飲暴食後，才想要以斷食與瘋狂運動來減重，這就像建築已極度耗能，才尋求再生能源補償，都不是真正的健康體重及零碳建築。

「這就像是一個人先放縱自己大吃大喝，又為了要彌補內心的罪惡感，接著幾天不吃飯，還瘋狂運動說要減重。」太太聽我描述零碳建築這定義，笑著告訴我，「這是很奇怪的邏輯吧，應該是要把心力放在正確的飲食習慣及搭配運動，而不是在大吃大喝後，才滿腦子用極端的方式來贖罪及補償吧。」

是啊，與其事後補償，不如平時經營。建築要做到零碳，平時的節能才是首要關鍵。

不論是標榜「近零」或「淨零」碳排放的建築物，應該要先成為近零能耗建築——也就是**將平時的建築能源耗用減半**，而剩下一半必須使用到的能源，可以採用再生能源的零碳電力，或是利用綠化將碳固存於枝幹，來補償因火力發電或能源燃燒所產生的碳排放量，這也是歐美對於近零排放建築的共識。

讓我們想像一下，幾千年前的房子，只提供了基本的生存需求，讓我們可以防禦野獸敵人，遮風蔽雨。然而，住居的舒適與品質的提升，是不斷來襲的誘惑，讓人們跨越了基本需要的滿足，索求無度，付出的代價就是能源消耗及碳排放量增加。

我們當然可以在舒適和品質都維持不變的狀況下，利用創新科技聰明地補償掉這些碳排放。但何不試著用

另一種方式——對於建築物的外殼**妥善設計**、選擇**高效率**的空調、照明、電器，對於舒適和品質**降低需求**，來減少能源及資源的消耗，即使沒辦法真的達到零碳，但對於地球的衝擊可能最低。

 零碳建築不一定節能。建築物日常的空調、照明、家電的能源耗用應優先減半，再採取碳中和策略進行彌補。

4-4
夠用就好：
回想那個節約的年代

「你電燈那攏嘸開？厝內遐暗，走路會跌倒啦！」這是我從前最常聽見奶奶對爺爺說的話。

我的爺爺熱衷公眾事務，他的工作區就夾在一樓客廳及餐廳之間的角落，鄰接窄巷的窗戶只透入極微弱的陽光。

深咖啡色厚實木桌上堆滿他的文件及書籍，桌面上方有一盞當時很普遍的舊式日光燈。它垂下幾條纏繞的電線，末端有個陀螺狀開關，貫穿的紅白相間小橫桿可切換小夜燈及日光燈，不過常常會電到人。

除非是晚上，他很少開啟這盞日光燈。也因為平時這裡暗摸摸，桌底下的偌大空間，就成了我幼時躲避陌生人來訪時的最佳處所。

幾十年後整修房子，裝設了新穎日光燈，有兩根40瓦的燈座固定在天花板上，開關就移到牆壁上。他嫌開了燈整個空間太亮，開關又要走到牆邊去按，幾乎沒開過這盞日光燈，只靠一盞小檯燈不偏不倚地照在桌面的文件上。

當時的人對高溫的忍耐力也很強。也許是木造的房子不像現代建築物的厚實牆體容易蓄熱，又或是當時全球暖化的問題沒那麼嚴重，他夏天都是穿著吊嘎，印象中，即使汗流浹背，也不曾在工作時開啟過家人幫他裝設的冷氣機，通常只有客人來時才會開冷氣。

不只如此，他在馬桶的水箱裡會放一罐保特瓶水減少蓄水量，下雨天會拿著空水桶去外面裝雨水沖馬桶，洗頭髮是用像即溶咖啡般的洗髮粉，一包還能分三次使用。在那個台灣經濟快速起飛的年代，印象中大部分的人就像我爺爺一樣，十分珍惜資源。

「夠用就好」，就是當時人們對能源及資源使用的單純想法。

地球體檢報告中，透露出最重要的事

可惜的是，隨著人類生活品質的提升，能源及資源愈用愈多，讓地球的狀況逐漸變差了。

身體狀況不好，人們會去做健康檢查；地球狀況不好，政府間氣候變化專門委員會每隔6-8年就會幫它做一次總體驗，集結近年來全球頂尖的科學報告，整理成3冊的氣候變遷評估報告書。最新的一期是《IPCC第六次評估報告》，在2021-2022年出版。

第一冊報告書呈現出地球受到氣候變遷的科學事實，就像健康檢查「**檢驗**」的膽固醇數字一樣，你看到紅字就該知道它超出一般的建議值。第二冊揭露了衝擊、調適與脆弱度。就像醫生拿到這份健康檢查報告，

會進行「**診斷**」，告訴你造成你膽固醇上升的原因是什麼。

　　我覺得最實用的是第三冊，就是氣候變遷如何減緩。就像醫生告訴你再不做改變你會有什麼後果，詳細開立「**處方**」，告訴你在飲食、作息、工作、運動等方面要怎麼做，做到什麼程度，預期的目標是什麼。這一冊會說明在都市、交通、建築、農業、工業、能源應該怎麼降低二氧化碳的排放量，減緩氣候變遷。

　　在這冊長達三千頁的「處方」報告書中，我認為最重要的概念，就是Sufficiency，可譯為「足夠」或「適足」，內容進一步提到：「要透過降低人們對能源、資源、材料的需求，來解決人類活動對環境的影響。」

　　在住居空間中具體的做法有哪些呢？包含降低對於能源、材料、土地、水資源的需求。利用隔熱、通風、採光的省能外殼設計，讓生命週期的能源耗用及碳排放量降低。並重視空間和資源的公平消耗問題，建築盡量減小規模、共同分享、優化建築使用，並充分利用閒置的既有建築。

　　這不就是「**夠用就好**」的概念？

　　不同的時代和領域，都用不同的專業術語來闡述，也許是少即是多、極簡主義（Minimalism）、斷捨離、樂天知命、簡單生活，其實都是相同的概念。

刺激與反應之間，你有自由選擇的權力

「夠用就好」的概念很簡單，但落實起來很**不容易**。

面對環境中的**刺激**，我們往往不假思索，直接採取動作**反應**。當室內溫度上升，皮膚開始發熱，大部分人的習慣動作，就是去開啟冷氣。

「刺激與回應之間，存在一個空間，」著名的神經學家及心理醫師弗蘭克說，「在那裡，我們擁有自由選擇的權力。」這句話意味著，當受到刺激時，不代表你得馬上回應，刺激和回應之間的**緩衝空間**就是要讓你充分思考，再做出決定[註1]。

但這個空間不復存在，大量的經驗及記憶，已經讓「升溫→開冷氣」成為人們的**反射動作**。空調廣告常常呈現一家人愉悅的互動，暗示降溫能提高居家生活品

註1：維克多・弗蘭克曾被關押在集中營長達三年，經歷了母親、兄弟、妻子被殺害，支持他活下去的就是他在強大刺激下對於生命的意志力。「刺激與回應之間，存在一個空間，在那裡，我們擁有自由選擇的權力，我們的反應則決定了我們的成長及自由。」這句話意味著，受到刺激未必代表你得馬上回應，這兩者之間的緩衝空間，就是想像的自由，也許是良知、深度思考、獨立意志。原句為 Between stimulus and response there is a space. In that space is our power to choose our response. In our response lies our growth and our freedom.

質；走進五星級旅館內極低溫的環境，是刻意塑造的充滿高級感的氛圍；當辦公室內空調溫度太低時，怕冷的人大多是配合其它人，選擇穿上外套；也許只因一兩次的室內高溫讓人厭煩，就覺得非得要低溫一點才能提高工作效率。

下次，當高溫的刺激到來，在直覺**反應之前**，也許你可以**試著停頓**一下。

因為人類原本就有調適氣候的能力，當你的核心溫度上升時，皮膚會產生散熱的機制及流汗，這都是生理機制開始作用。而心理上，你原本就是生活在熱溼地區，也常經歷這種熱溼的環境，對你其實也沒什麼。

所以，請你看了一下這個空間的外牆，看看日射的方向，有沒有被遮陽阻擋，走到窗戶旁邊，打開窗戶，也許幸運地有氣流進入。你試著調整衣著，改變姿勢，喝口開水，開啟風扇。你感覺涼爽許多，不開啟空調也能勉強達到你的舒適性。

這些行為看似簡單，但是要打破這個慣性，克制欲望，其實很不容易。

關於溫度的自我試驗

寫這本書接近完稿時，是2022年夏季七月天氣正熱的時候。新北市板橋氣象站在7月22日下午2點時達到39.3℃，破了

設站以來的紀錄；花蓮卓溪也飆出41.4度，在地人說，「過去從來沒這麼熱過。」前者主因是**台北盆地**地形，加上**都市熱島**效應所造成，後者則是**花東縱谷**較深，使得白天海風不易到達。

我的書房窗戶和房門開啟，電風扇盡全力地運轉著，冷氣機倒是安靜了很長一段時間，上面積了一層灰塵。

不開冷氣有個原因。

去年寫《都市的夏天為什麼愈來愈熱？》那本書時，小兒子有天走進書房說：「你不是說都市愈來愈熱，要增綠多留藍、讓路給風走、遮蔽供人行。你一直躲在書房裡吹冷氣，這樣沒有說服力啦！」

好吧，這就給自己一個挑戰，試試看儘量不吹冷氣。我當然沒辦法剝奪同住家人及工作同仁吹冷氣的權利，搭乘交通工具、進入公共場合時，也避不開冷氣。那麼，就先試著從我住家的小書房做起吧。

一開始覺得這不是件難事。有不少人告訴我，他們平時也不常吹冷氣，甚至住家也刻意不裝冷氣；同時，2022年的5月是全球數一數二的低溫紀錄，開始這個試驗時也沒什麼感覺。

不料，隨著6月溫度逐漸上升，再加上新型冠狀病

毒肺炎（COVID-19）影響，很多教學、研究、會議都改為線上，待在書房的時間大幅拉長，要忍住不開冷氣的確要有堅強的意志力。我太太走進書房看我一直冒汗，也笑著問我有必要這樣做嗎？

最終，這本書幾乎都是在沒開冷氣的書房內完成的，也許對很多平時就不吹冷氣的人，也不是什麼驚奇的大事。不過，回想這段時間，我發現行為產生了一些**微妙的改變**。

我變得更早起床，來把握清晨的涼爽。更注意個人的調適，例如輕薄的衣著，頻繁地補充水分，用溼潤的毛巾擦拭，來緩解身體的升溫。

我對於戶外及室內的氣溫及氣流更加**敏銳**。睡前我會把書房的窗戶及門敞開，有太陽直射時會拉下窗簾阻擋輻射，儘量讓風扇對著皮膚來降低體表溫度。如果下了一場午後雷陣雨，或是戶外比室內溫度低時，我會把風扇轉向，引導涼空氣由窗外吹向室內，也把樓梯間的窗戶打開，讓室內熱氣能夠出得去。

因為室內沒開空調，就不會在關閉冷氣後忘記把窗戶打開通風。一直開啟的窗戶，剛好讓凌晨低溫的空氣可以流入室內，一早起床房間就沒那麼悶熱。

另一個有趣的地方是，書房內的互動模式也變得不同。兩個兒子更常進來我書房串門子——因為門都一直開著。小兒子

會來監督我有沒有偷開冷氣，大兒子則是覺得這裡溫度適中，在自己冷氣房內吹到身體失溫（欸，是我付的電費）或鼻子過敏時，會來這裡回復體溫一下。

而我自己現在進到冷氣房，會有點像是進到超大量販店中的冰庫一樣，瞬間是很刺激舒適，但只想**趕快出來**、回復一下體溫。

室內當然還是比以往熱了一點，也得忙著調整房間與自己。「這不會影響工作心情，而降低效率嗎？」太太問我。

至少我不這麼覺得。思緒反而變得清晰，因為身體更加敏銳；會聚焦於做更重要的事，因為這適切的溫度**得來不易**；想法變得更加自由，因為我知道在溫度的刺激與反應之間，我還擁有**自主的權力**。

 全球氣候變遷報告嚴重告誡人類應降低對能源、資源、材料的需求，「夠用就好」才是人類永續生存之道。

後記

　　前一本書的迴響，是促成這本書出版的動力。《都市的夏天為什麼愈來愈熱？》在去年（2021年）6月出版後，有一位就讀經濟系大四的讀者燿聰寫信給我，他說從小就對大氣、地質、地理等知識很有興趣，只是後來因為一些原因而選擇就讀其它領域。當他翻閱到那本書時，覺得內容有趣易懂，也重拾了以往對地球科學的濃厚興趣，這對我真是莫大的鼓舞。很幸運地，《都市的夏天為什麼愈來愈熱？》後來得到了「最佳少年兒童讀物」（現在兒童的閱讀與理解能力超乎我的想像），也讓我更有信心繼續朝向科普寫作。

　　「那該寫什麼主題呢？」這本書原本是想以建築節能來進行都市熱島補完計畫，不過，當我把過去探索的都市氣候、建築節能、淨零排放、人體舒適等種種資訊拼湊起來，發現**串聯這一切的，就是溫度**。

　　溫度是自然的一部分，但人類卻想改變它。樹木枝葉因風吹而擺動、河川行經坡地而加速流動，我們不會想去干擾它，

然而，對於溫度——空氣粒子自然的振動，人們不愛適應，卻想控制。

那就寫溫度吧！探索人們如何困在自己習慣的舒適圈，為了涼爽又得付出什麼代價。

撰寫本書初期就已決定，要先以一段我曾親身經歷的情境，來引導讀者進入每一個探討主題。不過，要在塵封的記憶中翻找出與溫度隱喻相關的情境，還得把它寫成簡單易懂的故事，對我真是十足的挑戰。

還好，我有一位擅長把科學知識當成生活閒聊的神隊友——安得烈・馬薩拉奇教授。他出生成長於希臘，大學時還做過DJ，畢業後到德國求學、任教及研究。他集結了哲學、科學、幽默於一身，在相識的十六年中，伴著希臘咖啡、黑森林蛋糕、嘉義雞肉飯的笑話及趣事，貢獻了這本書最多的現成故事。

許多國內外學者教授，也在這段時間被我緊抓不放地追問關於溫度的種種，包含（依姓名筆畫）：本條毅、石婉瑜、吳治達、周素卿、徐造華、陳振華、彭啟明、黃恩宇、黃書禮、黃啟鐘、黃國倉、黃瑞隆、潘振宇、蔡耀賢、龍世俊，我十分感謝他們不厭其煩地向我說明。BCLab歷年的學生及研究助理提供了許多實測調查與分析模擬的數據，是本書立論的科學基礎，少了你

們這本書將缺乏說服力及應用性。

上一本書的專業編輯團隊，再次促成了這本書的出版。靖卉、珮芳為本書擬定了精準的撰寫方向，以符合潛在讀者的需求。亦芝對內文架構、故事情節、段落文字，進行十分細膩的修改，讓原本拙劣的初稿變得條理順暢、節奏輕快、耳目一新。雅萱幽默的插畫、菁穗美感的編排、玉嵐活動的企畫，共同讓這本書展現出我們理想中的樣貌。

家人的支持與包容是我撰寫的動力。太太看過我試寫首篇故事所流露的神情，讓我有信心挑戰這種原本不太熟悉的書寫風格。以前客廳裡傳來的，是她為了音樂會而準備的古典鋼琴曲目，現在聽到的是她分享到網路上的改編流行音樂。在數不清的散步中，我們討論著人們取得知識及藝術的方式逐漸改變，也激勵著我調整科學傳播的方式。

大兒子還是笑著看我對書房的溫度能夠忍耐多久，但這裡有時對他挺舒服的，可以讓他從太冷的冷氣房走出來回暖一下。小兒子在上一本書中隨口提及應該要附贈的溫度計，這次還是沒有實現，但至少我給了他一整本關於溫度的故事——有一張他參與構思的插圖，和一場他指定我做的高溫大挑戰。

在這本書中，提到了所有和我一起生活的家人，這本書要獻給他們。不論溫度是幾度，不管是盛夏還是嚴冬，家就是我最溫暖的所在。

引用文獻

第一章 溫度的起源

1-2 地球的溫度：頂棚下的彈力球

1. 內勒斯、塞爾勒勒著，黃慧珍譯 (2021)。《「資訊圖表」1小時看懂氣候變遷：從海平面上升、極端氣候成災，到人類的健康威脅》。台北：商周出版。

1-3 追尋溫度：遠渡重洋的青斑蝶

1. Tierney, J. E., deMenocal, P. B., & Zander, P. D. (2017). A Climatic Context for the Out-of-Africa Migration. *Geology*, 45(11), 1023-1026.

2. Schaebitz, F., Asrat, A., Lamb, H. F., Cohen, A. S., Foerster, V., Duesing, W., & Trauth, M. H. (2021). Hydroclimate Changes in Eastern Africa over the Past 200,000 Years May Have Influenced Early Human Dispersal. *Communications Earth & Environment*, 2(1), 1-10.

1-5 生理調適：狐獴的黑肚子及黑眼圈

1. 基諾・沙格瑞著，田靜如譯 (2005)。《溫度，決定一切》。台北：天下文化。

1-6 行為調適：西奧多的方格襯衫

1. Sejian, V., Silpa, M. V., Reshma Nair, M. R., Devaraj, C., Krishnan, G., Bagath, M., ... & Bhatta, R. (2021). Heat Stress and Goat Welfare: Adaptation and Production Considerations. *Animal*, 11(4), 1021.

2. Temple D., Manteca X. Animal Welfare in Extensive Production Systems is Still an Area of Concern. *Frontiers in Sustainable Food Systems*. 2020; 4:545902.

3. Sejian, V., Bhatta, R., Gaughan, J. B., Dunshea, F. R., & Lacetera, N. (2018). Adaptation of Animals to Heat Stress. *Animal*, 12 (s2), s431-s444.

4. Hwang, R. L., & Lin, T. P. (2007). Thermal Comfort Requirements for Occupants of Semi-Outdoor and Outdoor Environments in Hot-Humid Regions. *Architectural Science Review*, 50(4), 357-364.

5. Lin, T. P. (2009). Thermal Perception, Adaptation and Attendance in a Public Square in Hot and Humid Regions. *Building and Environment*, 44(10), 2017-2026.

6. Huang, K. T., Lin, T. P., & Lien, H. C. (2015). Investigating Thermal Comfort and User Behaviors in Outdoor Spaces: A Seasonal and Spatial Perspective. *Advances in Meteorology*, 2015.

第二章 溫度與住居空間

2-1 預約熱舒適：提早購票享折扣

1. 林憲德、林子平、蔡耀賢等 (2019)。《綠建築評估手冊》，頁178。內政部建築研究所。

2. 經濟部能源局 (2020)。《家庭節約能源寶典2020》，頁6。

3. 林子平 (2021)。《都市的夏天為什麼愈來愈熱？：圖解都市熱島現象與退燒策略》，頁175。台北：商周出版。

4. 經濟部能源局 (2018)。《107非生產性質行業能源查核年報》，頁19。

2-2 外牆：幫住宅挑一件四季皆宜的衣服

1. 林子平、黃瑞隆 (2014)。《建築外牆隔熱及蓄熱效果對室內環境溫度影響之探討》。內政部建築研究所委託研究報告。

2-3 玻璃：被屋主控告的現代主義大師

1. Wendl, N. (2015). Sex and Real Estate, Reconsidered: What Was the True Story

Behind Mies van der Rohe's Farnsworth House? https://www.archdaily.com/769632/

2. Hong, T., Lee, M., Yeom, S., & Jeong, K. (2019). Occupant Responses on Satisfaction with Window Size in Physical and Virtual Built Environments. *Building and Environment*, 166, 106409.

2-4 遮陽：陽光來自國境之南

1. 林憲德 (2003)。《熱溼氣候的綠色建築》，頁225-226。台北：詹氏書局。

2-5 通風：教室內滿地的落葉

1. ASHRAE Standard 55, 2010, Thermal Environmental Conditions for Human Occupancy. American Society of Heating, Refrigerating and Air-Conditioning Engineers, Atlanta.

2. 林憲德 (2003)。《熱溼氣候的綠色建築》，頁206。台北：詹氏書局。

3. 洪國安 (2021)。《都市高溫化下之空調排熱分析》。國立成功大學建築學系博士論文。

2-6 空調：美術館內珍貴的藝術品

1. 張夏準著，胡瑋珊譯 (2020)。《資本主義沒告訴你的23件事：經濟公民必須知道的世界運作真相與因應之道》。台北：天下雜誌。

第三章 溫度與活動

3-1 戶外活動：你愛日光浴還是撐陽傘？

1. Lin, T. P., De Dear, R., & Hwang, R. L. (2011). Effect of Thermal Adaptation on Seasonal Outdoor Thermal Comfort. *International Journal of Climatology*, 31(2), 302-312.

2. Young, T., Finegan, E., & Brown, R. D. (2013). Effects of Summer Microclimates on Behavior of Lions and Tigers in Zoos. *International Journal of Biometeorology*, 57(3), 381-390.

3. Huang, K. T., Lin, T. P., & Lien, H. C. (2015). Investigating Thermal Comfort and User Behaviors in Outdoor Spaces: A Seasonal and Spatial Perspective. *Advances in Meteorology*, 2015.

3-3 運動競技：首屆在冬天舉辦的世足賽

1. Matzarakis, A., & Fröhlich, D. (2015). Sport Events and Climate for Visitors - the Case of FIFA World Cup in Qatar 2022. *International Journal of Biometeorology*, 59(4), 481-486.

2. Kaplan, K. (2014). Scientific Proof that a Summer World Cup in Doha is too Hot - for Fans. *Los Angeles Times*. https://www.latimes.com/science/sciencenow/la-sci-sn-world-cup-doha-qatar-weather-20140822-story.html

3. Payne, M. (2014). New Study Says 2022 World Cup in Qatar will be too Hot to even Sit and Watch. *The Washington Post*. https://www.washingtonpost.com/news/early-lead/wp/2014/08/22/new-study-says-2022-world-cup-in-qatar-will-be-too-hot-to-even-sit-and-watch/

4. Alex Richards. (2019). Dangerous Farce of Hellish Qatar World Championships Leave Athletes Furious with IAAF Chiefs. https://www.mirror.co.uk/sport/other-sports/athletics/dangerous-farce-hellish-doha-world-20327756

5. Lung, S. C. C., Yeh, J. C. J., & Hwang, J. S. (2021). Selecting Thresholds of Heat-Warning Systems with Substantial Enhancement of Essential Population Health Outcomes for Facilitating Implementation. *International Journal of Environmental Research and Public Health*, 18(18), 9506.

3-4 觀光旅遊：日月潭的氣候魅力

1. Hamilton, J. M., & Lau, M. A. (2006). The Role of Climate Information in Tourist Destination Choice Decision Making. *Tourism and Global Environmental Change*, (pp. 243-264). Routledge.

2. 林子平、黃嘉健、鄭涵勻（2006）。〈氣候資訊對旅遊行程安排的影響〉。第八屆休閒_遊憩_觀光學術研討會。中華民國戶外遊憩學會。

3. Lin, T. P., & Matzarakis, A. (2008). Tourism Climate and Thermal Comfort in Sun Moon Lake, Taiwan. *International Journal of Biometeorology*, 52(4), 281-290.

4. Stuart-Smith, R. D., Brown, C. J., Ceccarelli, D. M., & Edgar, G. J. (2018). Ecosystem Restructuring along the Great Barrier Reef Following Mass Coral Bleaching. *Nature*, 560(7716), 92-96.

5. Aono, Y., & Omoto, Y. (1994). Estimation of Temperature at Kyoto since the 11th Century Using Flowering Data of Cherry Trees in Old Documents. *Journal of Agricultural Meteorology*, 49(4), 263-272.

6. Christidis, N., Aono, Y., & Stott, P. A. (2022). Human Influence Increases the Likelihood of Extremely Early Cherry Tree Flowering in Kyoto. *Environmental Research Letters*, 17(5), 054051.

7. Omoto, Y., & Aono, Y. (1990). Estimation of Change in Blooming Dates of Cherry Flower by Urban Warming. *Journal of Agricultural Meteorology*, 46(3), 123-129.

8. 陳佳君（2017）。《戶外觀光活動熱舒適性研究－－以台南孔廟園區為例》。國立成功大學建築學系碩士論文。

9. Lenzen, M., Sun, Y. Y., Faturay, F., Ting, Y. P., Geschke, A., & Malik, A. (2018). The Carbon Footprint of Global Tourism. *Nature Climate Change*, 8(6), 522-528.

10. 邱怡婷（2012）。《來台旅客碳排放量與生態足跡之研究》。國立虎尾科技大學休閒遊憩研究所碩士論文。

3-5 購物消費：粉圓冰與糖番薯

1. 弗里德黑姆・施瓦茨著，范瑞薇譯（2006）。《氣候經濟學：影響全球4/5經濟活動的決定性因素》。台北：臉譜出版。

2. Kele , B., Gómez-Acevedo, P., & Shaikh, N. I. (2018). The Impact of Systematic Changes in Weather on the Supply and Demand of Beverages. *International Journal of Production Economics*, 195, 186-197.

3. Mirasgedis, S., Georgopoulou, E., Sarafidis, Y., Papagiannaki, K., & Lalas, D. P. (2014). The Impact of Climate Change on the Pattern of Demand for Bottled Water and Non Alcoholic Beverages. *Business Strategy and the Environment*, 23(4), 272-288.

4. 吳旻蓉 (2011)。《氣候因子與便利商店飲料商品銷售相關性之研究》。大專學生參與專題研究計畫。國家科學委員會。

5. Hirche, M., Haensch, J., & Lockshin, L. (2021). Comparing the Day Temperature and Holiday Effects on Retail Sales of Alcoholic Beverages–a Time-series Analysis. *International Journal of Wine Business Research*.

6. *The Economic Times*. (2022). Beer Sales Soar with Temperature. https://economictimes.indiatimes.com/industry/cons-products/liquor/beer-sales-soar-with-temperature/articleshow/2040615.cms?from=mdr

7. Christina Fincher and Sumeet Desai. (2009). Retail Sales Sizzle in June Heatwave. https://www.reuters.com/article/uk-retail-sales-idUKTRE56M1SG20090723

8. Tim Clark. (2018). Heatwave Warms up Sales of Summer Product. https://www.drapersonline.com/news/heatwave-warms-up-sales-of-summer-product

第四章 幫地球降溫

4-1 發電方式：山上又脆又甜的高麗菜

1. 台灣電力公司 (2022)。《火力營運現況與績效》。https://www.taipower.com.tw/tc/page.aspx?mid=202

2. 內勒斯、塞爾勒著，黃慧珍譯 (2021)。《「資訊圖表」1小時看懂氣候變遷：從海平面上升、極端氣候成災，到人類的健康威脅》。台北：商周出版。

3. 台灣中油股份有限公司（2022）。《潔淨能源天然氣—北中南聯手供氣，建構永續低碳台灣》。https://www.cpc.com.tw/csr/News_Content.aspx?n=2599&s=2338

4. 台灣電力公司（2022）。《台電系統歷年發購電量》。https://www.taipower.com.tw/tc/chart/a01_電力供需資訊_電源開發規劃_歷年發購電量及結構_.html

5. 環科工程顧問股份有限公司（2013）。《國際電力碳足跡係數研究分析》。「能源產業溫室氣體管理策略及環境建構」計畫。經濟部能源局。

6. 陳米蘭（2020），《國際氣候變遷局勢轉變：台灣的機會與挑戰》。台大風險中心。

7. 台灣電力公司（2022）。《各種發電方式之發電成本，110年度自編決算的統計結果》。https://www.taipower.com.tw/taipower/content/govern/govern05_.aspx?YM1=11013&YM2=11105&YM3=11105

4-3 建築節能：從埃及草紙到平板電腦

1. 林憲德、林子平、蔡耀賢等（2019）。《綠建築評估手冊》。內政部建築研究所。

2. 比爾·蓋茲著，張靖之、林步昇譯（2021）。《如何避免氣候災難：結合科技與商業的奇蹟，全面啟動淨零碳新經濟》。台北：天下雜誌。

3. RE100 Taiwan. (2022). https://www.re100.org.tw/

4. International Energy Agency (2021). Tracking Clean Energy Progress 2021. https://www.iea.org/reports/tracking-buildings-2021

4-4 夠用就好：回想那個節約的年代

1. IPCC, 2021: *Climate Change 2021: The Physical Science Basis*. Contribution of Working Group I to the Sixth Assessment Report of the Intergovernmental Panel on Climate Change. Cambridge

University Press, Cambridge, UK.

2 IPCC, 2022: *Climate Change 2022: Impacts, Adaptation, and Vulnerability*. Contribution of Working Group II to the Sixth Assessment Report of the Intergovernmental Panel on Climate Change. Cambridge University Press, Cambridge, UK.

3. IPCC, 2022: *Climate Change 2022: Mitigation of Climate Change*. Contribution of Working Group III to the Sixth Assessment Report of the Intergovernmental Panel on Climate Change . Cambridge University Press, Cambridge, UK.

國家圖書館出版品預行編目(CIP)資料

跳出溫度舒適圈：從狐獴、原始人、蛋炒飯
的小故事，教你少開冷氣也能活的 21 個消
暑「涼」方／林子平著 -- 初版 -- 臺北市：
商周出版：英屬蓋曼群島商家庭傳媒股份有
限公司城邦分公司發行，2022.09
　面；　公分 --（科學新視野；180）
ISBN 978-626-318-380-3（平裝）

1.CST: 地球溫度 2.CST: 氣候變遷

328.4　　　　11　　　　　　　　1011553

科學新視野 180

跳出溫度舒適圈：

從狐獴、原始人、蛋炒飯的小故事，教你少開冷氣也能活的 21 個消暑「涼」方

作　　者／林子平
繪　　者／王雅萱
文字編輯／蕭亦芝
企畫選書／黃靖卉
責任編輯／羅珮芳

版　　權／吳亭儀
行銷業務／周佑潔、黃崇華、賴玉嵐
總 編 輯／黃靖卉
總 經 理／彭之琬
發 行 人／何飛鵬
事業群總經理／黃淑貞
法律顧問／元禾法律事務所 王子文律師
出　　版／商周出版
　　　　　台北市 104 民生東路二段 141 號 9 樓
　　　　　電話：(02) 25007008　傳真：(02)25007759
　　　　　E-mail：bwp.service@cite.com.tw
發　　行／英屬蓋曼群島商家庭傳媒股份有限公司城邦分公司
　　　　　台北市中山區民生東路二段 141 號 2 樓
　　　　　書虫客服服務專線：02-25007718；25007719
　　　　　服務時間：週一至週五上午 09:30-12:00；下午 13:30-17:00
　　　　　24 小時傳真專線：02-25001990；25001991
　　　　　劃撥帳號：19863813；戶名：書虫股份有限公司
香港發行所／城邦（香港）出版集團
　　　　　香港灣仔駱克道 193 號東超商業中心 1F
　　　　　E-mail: hkcite@biznetvigator.com
　　　　　電話：(852) 25086231　傳真：(852) 25789337
馬新發行所／城邦（馬新）出版集團【Cite (M) Sdn Bhd】
　　　　　41, Jalan Radin Anum, Bandar Baru Sri Petaling,
　　　　　57000 Kuala Lumpur, Malaysia.
　　　　　電話：(603) 90578822　傳真：(603) 90576622
　　　　　Email: cite@cite.com.my

封面設計／徐璽設計工作室
內頁排版／洪菁穗
印　　刷／韋懋實業有限公司
經　　銷／聯合發行股份有限公司
　　　　　電話：(02)2917-8022　傳真：(02)2911-0053
　　　　　地址：新北市 231 新店區寶橋路 235 巷 6 弄 6 號 2 樓

■ 2022 年 9 月 6 日初版　　　　　Printed in Taiwan
定價 350 元

城邦讀書花園
www.cite.com.tw

※ 線上版回函卡